高分辨光学遥感影像复原与目标检测技术

高昆　豆泽阳　著

吉林大学出版社

·长春·

图书在版编目（CIP）数据

高分辨光学遥感影像复原与目标检测技术 ／ 高昆，
豆泽阳著． — 长春 ：吉林大学出版社， 2020.12
ISBN 978-7-5692-7930-6

Ⅰ．①高… Ⅱ．①高… ②豆… Ⅲ．①遥感图像－图
像恢复－研究 Ⅳ．① TP751

中国版本图书馆 CIP 数据核字 (2020) 第 250671 号

书　　名：高分辨光学遥感影像复原与目标检测技术
GAOFENBIANGUANGXUE YAOGAN YINGXIANG FUYUAN YU MUBIAO JIANCE JISHU

作　　者：高 昆　豆泽阳　著
策划编辑：邵宇彤
责任编辑：张文涛
责任校对：樊俊恒
装帧设计：优盛文化
出版发行：吉林大学出版社
社　　址：长春市人民大街4059号
邮政编码：130021
发行电话：0431-89580028/29/21
网　　址：http://www.jlup.com.cn
电子邮箱：jdcbs@jlu.edu.cn
印　　刷：定州启航印刷有限公司
成品尺寸：170mm×240mm　　　16开
印　　张：15.5
字　　数：280千字
版　　次：2020年12月第1版
印　　次：2021年1月第1次
书　　号：ISBN 978-7-5692-7930-6
定　　价：76.00元

前　言

　　遥感技术是 20 世纪 60 年代兴起的新型信息感知技术。数十年来，遥感技术为土地利用监测、农作物估产、减灾防灾、城市规划、军事侦察等应用领域提供了翔实、稳定的数据来源和技术支撑手段。经过多年的发展，随着 Pleiades、WorldView-3、TacSat-3、"高分二号""高分五号""高景一号"等光学遥感卫星相继发射，高分辨光学相机、高光谱仪等新一代遥感器的广泛应用，获取的遥感影像数据在空间分辨率、时间分辨率、光谱分辨率等方面大大提升，已经具备成了高光谱、高空间分辨率、全天时、全天候的对地观测能力。

　　光学遥感图像目标检测是指利用特定的算法从遥感影像中搜索并标记出感兴趣的目标。它是光学遥感图像分析的重要内容，也是将图像数据转化为应用成果的关键一环。光学遥感成像技术的迅猛发展，为目标检测技术的发展带来了新的机遇和挑战。所谓机遇是指高分辨率的海量图像为目标检测技术的发展提供了重要的数据源；挑战是指图像分辨率越来越高，对于获取的影像质量也提出了更高的要求，检测的目标类型也越来越多，图像背景也越来越复杂，目标探测维度也大大扩展，给传统的统计类探测方法带来了挑战。如何快速有效地提升遥感影像质量、提取遥感数据中的信息、提高信息利用率成为亟待解决的问题。

　　作为人工智能技术的重要应用方向，深度学习技术的崛起，使基于深度学习的相关算法与技术已经在各行各业得到了广泛应用，并产生了巨大的商业价值。与传统方法相比，深度学习算法更加灵活，它可以自动地从训练数据中学习到复杂的领域知识，因此基于深度学习的遥感目标探测方法也具有强大的特征表示和学习能力，正逐渐成为当前学习类探测方法研究的前沿和热点。

　　虽然深度学习在机器视觉领域有着许多成功应用，但遥感影像有其自身的特点，一幅图像的数据量巨大，语义信息也比自然图像复杂得多，而目标占据的信息则要少得多，"小样本、大数据"成为普遍现象，加上"同物异谱"现象、目标密集排列、朝向与尺寸多变、背景复杂等问题，使得深度学习网络优良的特征提取能力在面对高分辨遥感影像时往往难以体现，很大程度上也限制了深度学习类目标检测算法在光学遥感应用领域的推广，涉及这方面算法研究的指导性图书并不多见。为此，作者决定开展本书的编写工作。

本书以高分辨率光学详查相机和高光谱仪这两种典型的光学遥感器为主要研究对象，围绕着提升光学遥感图像质量和光学 / 高光谱目标检测的效率与精度的目的，主要探讨了初级视觉任务中的遥感影像降晰参数辨识、盲复原技术，以及中级视觉任务中基于深度学习框架下的高光谱波段选择、光谱解混、目标探测与定位等一些新方法。本书是作者根据高光谱和光学遥感影像目标探测的需求，总结了近年来作者所在团队的一些研究成果，并在研究生授课讲稿的基础上改编而成。全书共分为 8 章：第 1 章介绍了高分辨光学对地观测的任务和研究现状；第 2 章介绍了采用变指数函数正则化的方法来辨识遥感图像降晰模型的方法；第 3 章介绍了基于光滑 – 增强先验的遥感图像快速盲复原的方法；第 4 章介绍了基于可微分锚框的光学遥感图像目标检测方法；第 5 章介绍了基于注意力机制自编码器的高光谱波段选择方法；第 6 章介绍了基于正交稀疏先验自编码器的高光谱盲解混方法；第 7 章介绍了基于低秩稀疏分解孪生网络的高光谱目标探测方法；第 8 章介绍了高光谱亚像元定位快速处理方法。

本书由高昆、豆泽阳编著。其中高昆进行了章节的统筹规划，并负责了里面 1~4 章的撰写，豆泽阳负责了 5 ～ 8 章的撰写。特别感谢实验室里的唐晓燕博士、朱振宇博士、王红博士、张晓典博士、胡忠铠硕士、张雍钿硕士、曾超硕士等在科研上的贡献及在文字校对、资料查阅等方面的工作。

由于编者水平有限，书中难免存在不少错误，恳请各位专家和广大读者批评指正。

高昆　豆泽阳

2020 年 7 月

目 录

第1章 高分辨天基光学遥感目标探测技术

1.1 引 言

遥感是以航空摄影技术为基础，在 20 世纪 60 年代初发展起来的一门新兴信息感知技术，经过几十年的发展，目前遥感技术已广泛应用于资源环境、水文、气象、地质地理等领域，成为一门实用的，先进的空间探测技术，其获取信息速度快、周期短、手段多、数据量大，受条件限制少，可大范围获取信息，在环境监测、地图绘制、资源调查等方面都有重大作用。近年来，随着技术的发展进步，"WorldView""高分"等各种高分辨率系列卫星相继发射，其具备的高光谱遥感技术极大地提高了遥感影响数据的空间分辨率、时间分辨率与光谱分辨率，并且具备了全天时、全天候对地观测的能力。

光学遥感目标检测技术是一种利用特定算法从光学遥感图像中检测出特定目标的技术，其是光学遥感图像分析的重要内容。由于光学图像本身的特点，对于船舶等特定目标的检测会较为困难，因此光学遥感成像技术也为目标检测技术的发展带来了新的挑战。

这里仅以光学相机和成像光谱仪这两种重要的对地观测载荷为对象，简述国内外高空间分辨率和高光谱分辨率遥感技术的现状和特点。

1.2 高空间分辨率遥感技术

空间分辨率是指能够被光学传感器辨识的单一地物或两个相邻地物间的最小尺寸。空间分辨率越高，遥感图像包含的地物形态信息就越丰富，能识别的目标就越小。目前现役的或已商业运行的光学遥感卫星的空间分辨率已经达到"亚米级"，在国际上的发展态势呈现了三个层次：处于第一层次的是美国，其军用光学成像卫星全色波段的地元分辨率（ground sampled distance，GSD，如未加声明，本书中分辨率均指地元分辨率）已达到 0.1 m，商用分辨率可达 0.4 m；处于第二层次的是法国、俄罗斯、以色列、中国、印度、日本等国，其中部分国家军用全色分辨率已经优于 0.5 m；处于第三层次的国家正处于起步阶段，如土耳其、埃及、沙特、卡塔尔、阿联酋、南非、尼日利亚等，主要期望借助对地观测卫星项目带动自身航天技术的发展。

当前，美国有 3 颗"锁眼 -12"（KH-12）军用光学成像卫星在轨运行，卫星光学口径约 3m，焦距 27m，寿命 8 年，采用大型光学系统以及自适应光学、大面阵探测器、机动变轨等技术，全色分辨率达 0.1 ~ 0.15 m，红外分辨率达 0.6 ~ 1 m，其可能的构型与影像如图 1.1 所示。

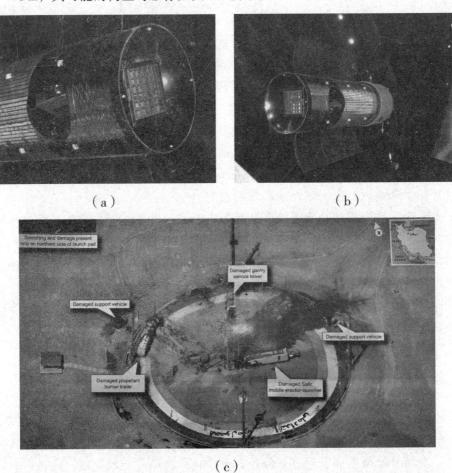

（a） （b）

（c）

图 1.1 KH-12 可能的构型与影像（2019 年 8 月伊朗国家航天中心发射台事故现场）

图片来源：路透社（2019 年 8 月 31 日电）（转自特朗普的推特，疑似伊朗发射事故）。

在民用领域，美国的商业遥感卫星已经发展了三代。第一代为 IKONOS-2，第二代为 GeoEye-1，第三代即为 WorldView-3/4。由于 2018 年 WorldView-4 宣布出现故障，WorldView-3 是目前在轨运行的商业成像卫星中空间分辨率最高的卫星，能够拍摄全色 0.3 m 分辨率和多光谱 1.24 m 分辨率的影像。而 GeoEye-1卫星选择了太阳同步回归轨道，是 IKONOS 和 OrbView-3 的下一代商业卫星，在谷歌公司的推动下成功的商业领域。它也是首个使用军用级 GPS 的非军用卫星，可以以 0.41 m 全色分辨率和 1.65 m 多光谱分辨率拍摄获取影像，定位精度可达3 m。WorldView-3 拍摄的水立方卫星图像如图 1.2 所示。

图 1.2　WorldView-3 拍摄的水立方卫星图像（0.3m 全色与 1.2m 多光谱融合结果）

图片来源：北京揽宇方圆信息技术有限公司（http://kosmos-imagemall.com/）调研报告。

欧洲军用光学成像卫星的代表是法国"太阳神 -2"（Helios-2）卫星。该卫星带有 1 台全色（具有红外能力）高分辨率相机和 1 台宽视场相机。高分辨率相机主要采用推扫成像，高分辨率通道分辨率为 0.5 m，超高分辨率通道分辨率为 0.25 ～ 0.35 m，宽视场相机标称分辨率 5 m，幅宽 60 km。法国军用光学成像侦察卫星起步晚于美国和俄罗斯，但发展很快，最新一代光学侦察卫星计划于2018—2022 年陆续部署，首颗军用高分辨率光学成像侦察卫星"光学空间组件计划"（Composante Spatial-Optique，CSO）已于 2018 年底发射，在 800 km 高度轨道的分辨率达到 0.35 m。法国的民用卫星技术也相当发达，如法国国家航天研究中心负责研制的军民两用光学成像卫星"昴宿星"（Pleiades），是著名的民用光学成像系列卫星 SPOT 的升级替代版本，搭载的高分辨率成像仪（HiRI）能提供高分辨率和高定位精度多光谱图像，全色波段分辨率 0.5 m，多光谱分辨率2 m。已发射的 Pleiades-1A/1B 卫星定位在相距 180° 的准极太阳同步轨道，高度695 km。1 颗 Pleiades 卫星可在 5 d 内实现全球覆盖，在星座部署完成之后，4 d能实现全球覆盖。同时，法国光学成像卫星向体系化发展，正在论证地球静止轨道、大椭圆轨道光学成像卫星，未来有望与低轨卫星共同组建高低轨结合的光学成像卫星体系。

GeoEye-1、WorldView-3 与 Pleiades 的各项技术指标的比较如表 1.1 所示。

表 1.1 GeoEye-1、WorldView-3 与 Pleiades 的各项技术指标

	GeoEye-1	WorldView-3	Pleiades
轨道	684 km（10:30 am）	617 km	695 km
重访时间	<3 d	1.0 d	1.0 d（双星座模式）
星上存储	1 000 Gbit	2199 Gbit	750 Gbit
宽带数据下行速率	740 或 150 Mbits/s	800 或 1 200 mbit/s	465 mbit/s
谱段	全色/多光谱（4 谱段）	全色/多光谱（4 谱段）或短波红外（8 谱段）	全色/多光谱（4 谱段）
分辨率	全色 0.41 m，多光谱 1.64 m	全色 0.31 m，多光谱 1.24 m	全色 0.5 m，多光谱 2 m
单景幅宽	15.2 km	13.2 km	20 km
定位精度	CE90: 3 m	CE90: 3.5 m	CE90: 3 m

俄罗斯现役的"角色"（Persona）光电传输型成像侦察卫星采用"资源-DK1"（Resurs-DK1）卫星平台设计，可见光分辨率最高已达 0.3 m，多光谱空间分辨率

2 ～ 3 m。近年来，俄罗斯成功部署多枚"猎豹"（Bars-M）系列测绘用光学卫星，未来还将发射新一代"拉兹丹"（Razdan）光学侦察卫星。这些卫星具备一定的星上数据处理能力和较高的数据传输能力，但与欧美等国家研制的同类卫星相比，在寿命和可靠性方面还有一定差距。

印度在轨的光学成像卫星有 4 颗，其中"制图卫星 -2B"（Cartosat-2B）光学成像卫星星下点分辨率 1 m，幅宽 9.6 km，顺轨方向分辨率 0.8 m。

日本"情报收集卫星"（Information Gathering Satellite，IGS）星座由 4 颗光学卫星和 1 颗雷达卫星组成。其光学卫星的分辨率达到 0.6 ～ 1 m。

我国空间光学遥感有效载荷技术起步较晚，加上国外对核心部件和关键技术进行封锁，一度发展缓慢。近年来，随着一些关键技术被突破，尤其是在 2010年启动的"高分辨率对地观测系统重大专项"（高分专项）的牵引下，我国空间光学遥感卫星取得了较大进展，目前已经形成了军用、商用、民用共同发展的格局。"高分"系列卫星覆盖了从全色、多光谱到高光谱，从光学到雷达，从太阳同步轨道到地球同步轨道等多种类型，构成了一个具有高空间分辨率、高时间分辨率和高光谱分辨率能力的对地观测系统（见表 1.2）。

表 1.2　我国已发射的部分高分光学卫星主要参数

卫　星	发射时间	传感器分辨率	幅　宽	波　段
高分一号	2013 年	全色 2 m，多光谱 8 m	60 km	全色，蓝、绿、红、近红外
高分二号	2014 年	全色 0.8 m，多光谱 3.2 m	45 km	全色，蓝、绿、红、近红外
高分四号	2015 年	可见光 50 m，红外 400 m	400 km	可见光至近红外，中波红外
高分五号	2018 年	30 m	60 km	可见光至短波红外，全谱段
高分六号	2018 年	全色 2 m，多光谱 8 m，红外 16 m	90 km	全色，蓝、绿、红、近红外

"高分一号"卫星于 2013 年 4 月 26 日发射，是高分专项的首发星，配置了 2 台 2 m 分辨率全色 /8 m 分辨率多光谱相机，4 台 16 m 分辨率多光谱宽幅相机。"高分一号"卫星突破了高空间分辨率、多光谱与高时间分辨率结合的光学遥感技术，多载荷图像拼接融合技术，高精度高稳定度姿态控制技术，5 ～ 8 年寿命高可靠卫星技术，高分辨率数据处理与应用等关键技术，对于推动我国卫星工程

水平的提升，提高我国高分辨率数据自给率，具有重大战略意义。

"高分二号"卫星是我国 2020 年前分辨率最高的民用陆地观测卫星，2014 年 8 月 19 日发射成功，星下点分辨率可达 0.8 m，搭载两台高分辨率 1 m 全色和 4 m 多光谱相机，具有高定位精度和快速姿态机动能力等特点，其拍摄的大兴机场卫星图像如图 1.3 所示。该卫星的发射标志着我国遥感卫星进入了亚米级"高分时代"，有效提升了我国卫星综合观测效能。

"高分四号"是我国首颗地球同步轨道高分辨率光学成像卫星，也是 2020 年前世界上空间分辨率最高、幅宽最大的地球同步轨道遥感卫星，于 2015 年 12 月 29 日发射，搭载了一台可见光 50 m / 中波红外 400 m 分辨率、大于 400 km 幅宽的凝视相机，具备可见光、多光谱和红外成像能力，设计寿命 8 年，通过指向控制，实现对中国及周边地区的观测。

"高分五号"是高分专项唯一的一颗高光谱卫星，详细参数如表 1.3 所示。

表 1.3　"高分五号"部分载荷参数

可见短波红外高光谱相机	光谱范围	0.4 ～ 2.5 μm
	空间分辨率	30 m
	幅宽	60 km
	光谱分辨率	VNIR：5 nm；SWIR：10 nm
全谱段光谱成像仪	光谱范围 （共 12 个通道）	0.45 ～ 0.52 μm 0.52 ～ 0.60 μm 0.62 ～ 0.68 μm 0.76 ～ 0.86 μm 1.55 ～ 1.75 μm 2.08 ～ 2.35 μm 3.50 ～ 3.90 μm 4.85 ～ 5.05 μm 8.01 ～ 8.39 μm 8.42 ～ 8.83 μm 10.3 ～ 11.3 μm 11.4 ～ 12.5 μm
	空间分辨率	20 m（0.45 ～ 2.35 μm） 40 m（3.5 ～ 12.5 km）
	幅宽	60 km

"高分六号"是一颗低轨光学遥感卫星，于 2018 年 6 月 2 日发射，配置了 2 m 全色 / 8 m 多光谱高分辨率相机（幅宽 90 km）和 16 m 多光谱中分辨率宽幅相机（幅宽 800 km）。"高分六号"还实现了 8 谱段 CMOS 探测器的国产化研制，国内首次增加了能够有效反映作物特有光谱特性的"红边"波段。

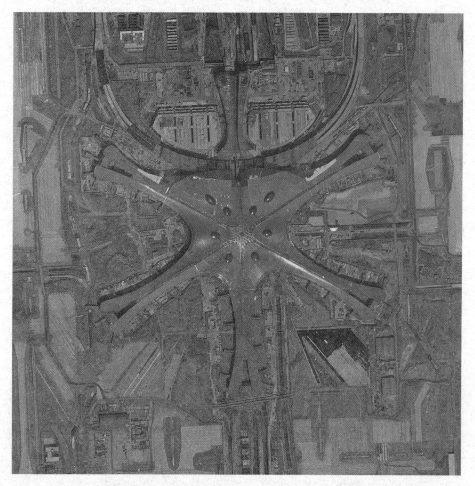

图 1.3　"高分二号"拍摄的大兴机场卫星图像（2018 年 3 月 22 日，0.8 m 全色与 3.2 m 多
光谱融合结果）

图片来源：北京揽宇方圆信息技术有限公司（http://kosmos-imagemall.com/）。

"高分七号"是 2020 年前国内定位精度最高的民用级光学传输型立体测绘卫星，2019 年 11 月 3 日发射成功，搭载有 0.8 m 分辨率的双线阵立体测图相机及星载激光雷达，投入使用后，可以为我国乃至全球的地形地貌绘制出一幅误差在 1 m 以内的立体地图。

"高分八号""高分九号""高分十号""高分十一号"等卫星主要应用于国土普查、城市规划、土地确权、路网设计、农作物估产和防灾减灾等领域，可为"一带一路"等国家重大战略实施和国防现代化建设提供信息保障。其中"高分八号"于 2015 年 6 月 26 日发射成功，"高分九号"卫星于 2015 年 9 月 14 日发射成功。

除了高分专项部署的系列卫星以外，近年来投入应用还有"高景一号""吉林一号"等一系列的商业化高分辨率遥感卫星。

"高景一号"是由东方红卫星有限公司研制的、我国首个 0.5 m 高分辨率商业遥感卫星星座，其在设计时旨在解决两个主要问题：一是重复观察同一地物，二是实现动态观察。01 组卫星发射于 2016 年 12 月 28 日；02 组卫星发射于 2018 年 1 月，四颗卫星组网运行，在轨均匀分布，相位差 90°，对任意目标的重访周期为 1 d。每颗卫星仅重 500 kg，轨道高度 530 km，承载了 1 台高分辨率全色 / 多光谱相机，可提供分辨率优于全色 0.5 m/ 多光谱 2 m、单次可拍摄最大范围为 60 km × 70 km 的影像。常规侧摆角最大为 30°，执行重点任务时可达到 45°。高景一号星座在灾害与环境监测预报方面更具优势，过去可能要一两天才能接收到灾区的数据，现在组成星座后只需一两个小时即可获知。

"吉林一号"是我国自主研发的第一个商用遥感小卫星星座（见图 1.4），由于采用"星载一体化"的设计方法，大大缩小了体积，单星质量低于 40 kg。"吉林一号"首星发射于 2015 年 10 月 7 日，计划在 2030 年完成 138 颗卫星的发射组网。卫星的工作轨道为高约 656 km 的太阳同步轨道，具备常规推扫、大角度侧摆、同轨立体、多条带拼接等多种成像模式和灵巧成像视频模式，地面像元分辨率为全色 0.72 m、多光谱 2.88 m，灵巧成像视频的地面像元分辨率为 1.12 m，幅宽优于 18 km。可为用户提供遥感视频新体验；灵巧成像验证星主要开展多模式成像技术验证。

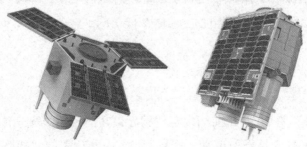

图 1.4　"吉林一号"卫星

如图 1.5 所示，高空间分辨率图像（简称"高分图像"）包含了地物丰富的纹理、形状、结构、邻域关系等信息，可以充分提取图像地物的上下文语义信息，将图像分类从像元级提高到对象级，也给目标提取与识别、变化检测等带来很大的机遇和挑战。所谓机遇是指高分辨率的海量图像为目标检测技术的发展提供了重要的数据源。

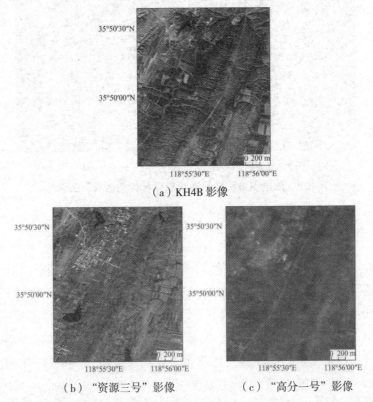

（a）KH4B 影像

（b）"资源三号"影像　　　（c）"高分一号"影像

图 1.5　我国青峰岭地区 KH、"资源三号"与"高分一号"影像对比图

图片来源：上帝之眼（www.godeyes.cn）。

所谓挑战是指图像分辨率越来越高，对于获取的影像质量也提出了更高的要求。例如，当前的高分辨力的星载相机多采用大 F 数设计，焦距长，调制传递函数（modulation transfer function，MTF）低，卫星姿态振动、大气消光、探测器欠采样效应等因素都会引起图像的退化，而且退化影响程度随着分辨力的提高而愈加严重。图像退化意味着目标探测的信噪比降低，从而导致目标的探测距离和检测识别概率下降。对于目标检测器而言，严重退化的图像往往会使卷积层感受野在扫描图像时，难以捕捉到目标的局部、细节信息，影响输出的特征图和提取更复杂、更抽象信息的效果，容易造成目标的漏检、错检。如图 1.6 所示，RetinaNet 目标检测网络对于降晰的机场图像会造成飞机目标的漏检，而对于复原以后的图像，则可以准确地检测出所有目标。

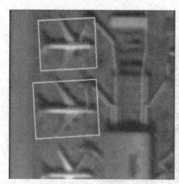 

（a）降晰图像检测效果　　　　　　（b）复原后图像检测效果

图 1.6　降晰图像和复原图像对目标检测器效果的影响

图片来源：刘小波，刘鹏，蔡之华，等 . 基于深度学习的光学遥感图像目标检测研究进展 [J/OL]. 自动化学报 :1-13[2021-01-10].https://doi.org/10.16383/j.aas.c190455.

利用图像复原技术来提升获取到的遥感图像品质，不仅有利于保证目标检测的效率，还可以用来补偿成像链路的 MTF，为合理安排载荷的设计指标，降低设计难度和制造成本等提供定量化依据。国外研究表明，分辨率相同的光学遥感器经过 MTF 补偿后的像质要优于大相对孔径的遥感器。例如 IKONOS-2 卫星于 2000 年和 2001 年进行的在轨测试获得全色谱段成像系统 MTF 为 $0.02 \sim 0.07$，经地面 MTF 补偿精处理后，系统 MTF 达 $0.14 \sim 0.15$。Orbview-3 卫星在轨测试获得全色谱段成像系统 MTF 为 0.10，经地面复原处理后，系统 MTF 达 0.15；Pleiades 卫星相机 MTF 的设计值仅为 0.07，复原处理后的系统 MTF 预计可达 0.3；KOMPSAT-2 卫星 MTF 补偿后的值则从 0.08 提升到 0.12，如图 1.7 所示。

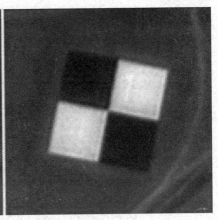

　（a）MTF 补偿前（0.08）　　　　　　　　（b）MTF 补偿后（0.12）

图 1.7　KOMPSAT–2 卫星图像复原效果

1.3　高光谱分辨率遥感技术

　　星载高光谱成像技术是在航天多光谱成像遥感技术的基础上发展起来的，它结合了高光谱遥感和遥感成像技术，实现了高光谱与图像的统一。一般认为，光谱分辨率在 $10^{-2}\lambda$ 数量级范围内的遥感称为高光谱遥感。与传统遥感相比，高光谱遥感具有波段多、单个通道光谱范围窄、波段连续、图谱合一等优点，在农作物普查、森林资源调查、矿物填图、油气资源普查、大气研究、环境保护、水体与海洋研究、军事侦察与伪装识别等诸多领域具有广阔的应用前景。

　　自 20 世纪 80 年代以来，国内外许多机构都开始高光谱成像仪的研制工作，并取得了很大的进展。世界上最早的成像光谱仪 AIS–1 于 1983 年在美国研制成功；1987 年，美国 NASA 的航天喷气推进实验室又推出了第二代机载可见光／红外成像光谱仪（airborne visible infrared imaging spectrometer，AVIRIS），如图 1.8 所示。它可提供 20 m 的空间分辨率和 224 个谱段，光谱覆盖范围为 0.2～2.4 μm，并持续不断更新换代，已成为美国航空航天高光谱遥感科技发展的孵化器。

图 1.8　AVIRIS 光谱仪实物图

　　此后，许多国家先后研制了多种类型航空成像光谱仪，如加拿大的 CASI、德国的 ROSIS、澳大利亚的 HyMap 等。1999 年底美国在 EO-1 卫星上搭载了 Hyperion 航天成像光谱仪（见图 1.9），正式开启了航天高光谱遥感时代。Hyperion 成像光谱仪由 Northrop Grumman 公司设计制造，成像对应的地面宽度为 7.5 km，波段范围为 0.4 ～ 2.5 μm，共有 220 个谱段，地元分辨率为 30 m。

图 1.9　Hyperion 光谱仪实物图

　　目前在轨试验卫星的成像谱段超过了 400 个，主要覆盖可见光 / 近红外谱段，光谱分辨率已达到 1 ～ 5 nm（多光谱成像卫星的光谱分辨率通常大于 100 nm）。表 1.4 所示的是目前在轨与即将发射卫星搭载的部分高光谱成像仪。

表 1.4　目前在轨卫星搭载的部分高光谱成像仪

卫星/载荷名称	EO-1/Hyperion	PROBA-1/CHRIS	GF-5/AHSI	ISS/DESIS	HySIS/HySIS	PRISMA/HSI	EnMAP/HSI	ALOS-3/HISUI
国家（地区）	美国	欧洲	中国	德国	印度	意大利	德国	日本
发射时间	2000	2001	2018.5	2018.8	2018.11	2019.3	~2021	~2021
轨道高度/km	705	550~670	705	400	630	615	652	410
光谱范围/μm	0.4~2.5	0.4~1.05	0.39~2.51	0.4~1.0	0.4~2.5	0.4~2.5	0.42~2.45	0.4~2.5
谱段数/个	220	62	330	235	70/256	239	228	185
光谱分辨率/nm	10	1.25~11	5（VNIR）/10（SWIR）	2.55	10	12	6.5（VNIR）/10（SWIR）	10（VNIR）/12.5（SWIR）
空间分辨率/m	30	17/34	30	30	30	30	30	30
幅宽/km	7.5	15	60	30	30	30	30	30

我国高光谱遥感科技发展几乎与美国同步，1989 年中科院研制了我国第一台模块化航空成像光谱仪（MAIS），并在 20 世纪 90 年代陆续研发了推帚式成像光谱仪（PHI）、新型模块化成像光谱仪（OMIS）、轻型高稳定度干涉成像光谱仪（LASIS）等。2002 年"神舟三号"搭载了我国第一台航天成像光谱仪，此后我国发射的"嫦娥一号"探月卫星、环境与减灾小卫星（HJ–1）星座、风云气象卫星、"高分五号"卫星等也都搭载了航天成像光谱仪。

"高分五号"卫星发射于 2018 年 5 月 9 日，是世界首颗实现对大气和陆地综合观测的全谱段高光谱卫星，星上一共搭载了大气痕量气体差分吸收光谱仪、大气主要温室气体探测仪、大气气溶胶多角度偏振探测仪、大气环境红外甚高光谱分辨率探测仪、可见短波红外高光谱相机、全谱段光谱成像仪等 6 台载荷，是高分专项中搭载载荷最多、光谱分辨率最高的卫星，可对大气气溶胶、温室气体、水质、核电厂温排水、陆地植被、秸秆焚烧、城市热岛等多个环境要素进行监测。"高分五号"搭载的全谱段光谱成像仪和可见短波红外高光谱相机如图 1.10 所示，有关参数如表 1.4 所示。其中的短波红外高光谱相机配置了丰富的定标手段以确保数据的精度和稳定性，填补了自 2005 年美国 Hyperion 高光谱相机停止工作以来，国际上星载短波红外高光谱数据获取基本处于空白的短板。

（a）全谱段光谱成像仪　　　　　　　（b）可见短波红外高光谱相机

图 1.10　"高分五号"搭载的部分载荷

高光谱成像的最大特点就是精细的光谱划分，其光谱分辨率可以达到纳米级。因此，高光谱图像的每一个像元都是一条近似连续的光谱曲线。连续的光谱曲线可以准确地反映不同物体的光谱吸收或反射特征，而不同物体的光谱特征往往不尽相同，因此使用光谱曲线可以有效区分不同的物体材质。这个独特的性质极大地丰富了地物的信息维度，使使用光谱曲线进行目标探测成为可能。高光谱目标探测主要利用目标光谱与背景地物光谱的差异来确定目标地物位置信息。经过国内外众多学者的努力，高光谱目标探测已经形成了相对成熟的方法和体系，在军事探查、伪装揭露、精细农业等领域都有着广泛的应用。近年来，随着机器学习的逐渐兴起，高光谱目标探测成为高光谱图像研究中最热门的课题之一。使用机器学习技术对高光谱图像中的光谱曲线进行自动的判别，在实现目标地物自动探测的同时，也提高了人工解译图像的效率和准确性。美国还率先提出在 2018 年构建全球首个商用高光谱成像卫星系统，即可通过商业采购或其他形式满足目标侦察、伪装识别等军事应用的需求，并利用 TacSat-3 验证了天基高光谱成像技术的战术支持能力，将响应时间缩短为 10 ~ 30 min。

1.4　高光谱与高空间分辨率遥感目标探测方法简析

虽然高光谱目标探测技术已经取得了巨大的进步，但是受制于高光谱图像本身的特点，单纯使用高光谱进行目标探测并不能很好地满足应用需求。例如在海洋侦察方面，一般而言，海面目标在大面积均一的海洋背景下可能更易被察觉和探测，但由于海洋光谱特征差异与陆上地表物体相比要小得多，遥感图像中的海上目标和背景的对比度反差很小，很难区分识别。考虑到成像光谱仪的光谱分辨率往往是以空间分辨率的牺牲为代价来达到的。因此，高光谱图像的空间分辨率通常较低，使小目标的尺寸往往不足一个像元，直接对小目标进行探测的效果欠佳。同时，由于海洋的光照环境、气象条件等复杂，海表状况较陆地环境更为复杂，在高光谱图像经常出现 "同物异谱" 现象，给目标探测带来了严重的干扰，加上海面耀光、海雾、水面杂波以及人为污染等干扰的存在，单纯使用光谱进行目标探测，效果往往不够理想。

与单一类型的高光谱图像相比，不同类型的传感器获取的图像在分辨率、光谱范围及目标特性等方面存在明显差异和互补性，因此使用多种类型的遥感图像可以充分利用不同类型的传感器所提供的信息全面地描述目标特性，对目标做出更为准确的判断。常见的遥感探测手段包括高分辨光学图像、多光谱图像、高光谱图像和红外图像等，主要分布在可见光到红外的光谱波段。其中，高分辨光学图像有较高的空间分辨率，可以与高光谱图像形成很好的互补。随着遥感水平和载荷水平的不断提高，遥感卫星系统会同时搭载高光谱成像仪和高分辨光学相机,如"珠海一号"遥感卫星星座项目包含了一颗空间分辨率为 0.9 m 的高分辨视频卫星和一颗光谱波段范围为 0.4 ~ 1 μm、空间分辨率为 10 m 的高光谱卫星,这为使用空间维和光谱维信息进行目标检测提供了硬件基础和支撑。

表 1.5 中对比了两种图像的特点。一方面,高分辨率光学图像是最常用的一种遥感图像,图像的空间分辨率远高于高光谱图像,可以提供丰富的目标空间信息,弥补了高光谱图像空间分辨率不足的劣势;另一方面,高光谱图像能反映地物的光谱信息,有效弥补了高分辨影像光谱分辨率过低的不足,对地物材质的识别具有重要作用。如图 1.11 所示为 San Diego 机场的光学遥感图像和对应目标的光谱曲线,目标为不同机型的飞机(a)、(b)、(c)为感兴趣区域,(d)、(e)、(f)为(a)、(b)、(c)区域中目标的光谱反射曲线。为了方便起见,从原图中选取了三张子图,图 1.11(a)~图 1.11(c)所示。其中图 1.11(a)和图 1.11(b)中的目标为两种大型飞机,而图 1.11(c)的目标为一种小型飞机。由于大型飞机的尺寸较大,它们可以同时被基于高光谱图像的目标探测模型和基于光学遥感图像的目标检测模型发现。若仅从光谱维度来看,由于两种飞机的反射光谱相近,很难区分出这是否是同一种飞机,但因为光学遥感图像同时包含了飞机的颜色等较为丰富的空间信息,所以可以识别出两张子图上的飞机不是同一种机型。图 1.11(c)上的飞机尺寸较小,使用光学遥感图像无法分辨出目标类型,但目标的光谱曲线和飞机的光谱曲线非常接近,因此可以由光谱信息得知此地物为飞机。

表 1.5 高光谱图像与高分辨光学图像的特点对比

图像类型	高光谱图像	高分辨光学图像
空间分辨率	低:米级到百米级	高:分米级到米级
光谱波段数	多:几十到上百个波段	少:一到三个波段
光谱波段范围	宽:可见光到红外	窄:可见光
使用范围	光谱维目标探测	空间维目标检测

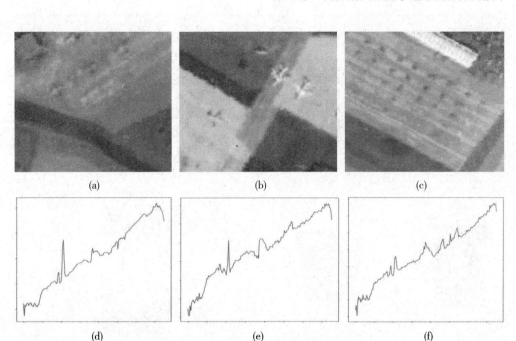

图 1.11　San Diego 机场光学遥感图像的感兴趣区域与目标光谱

由于高光谱遥感数据和高空间分辨率遥感数据的信息维度互补，使用这两种数据可以很好地满足目标检测要求。一方面，高光谱图像的空间分辨率较低，适合目标普查，可以满足大范围态势快速感知的要求，丰富的光谱信息也反映了地物的全谱段特征，具有较强的反伪装探测识别能力；另一方面，高分辨光学图像获取到的目标的几何结构和细节特征信息源更加丰富，满足重点区域与可疑区域目标详查的应用需求。如图 1.12 所示，目前基于高分辨光学图像与高光谱图像的目标检测主要有两种模式：

（1）使用高光谱图像目标普查，发现疑似目标后，使用对应区域的高分辨率光学图像进行目标详查，如图 1.12（a）所示。

（2）使用高分辨率光学图像进行目标的发现与检测，发现疑似目标后，使用高光谱图像进行目标伪装判别，如图 1.12（b）所示。

因此，本书以高光谱图像与高分辨光学遥感图像为研究对象，开展目标检测的研究。

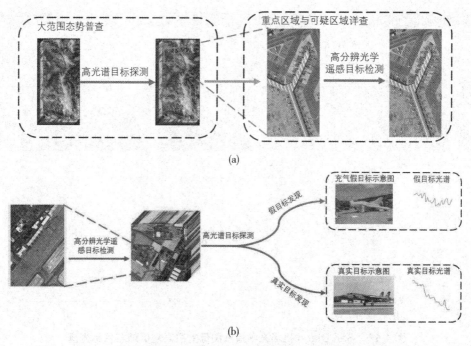

(a)

(b)

图 1.12　基于高空间分辨率图像与高光谱图像的目标检测模式

如图 1.13 所示，高光谱目标探测系统通常包含光谱降维、光谱解混和目标探测三个方面。由于高光谱数据的光谱分辨率较高，相邻谱段的光谱信息高度相关，信息冗余较为明显，直接使用原始高光谱图像容易产生分类精度随着数据维度的增加而先升后降的 Hughes 现象（见图 1.14），不利于对图像进行快速的处理和分析。因此，通常需要对高光谱图像进行光谱降维预处理，在减小数据量的同时尽量无损地表达数据内部的结构特征。

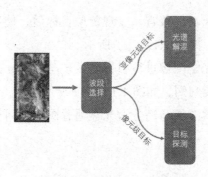

图 1.13　高光谱遥感目标探测流程

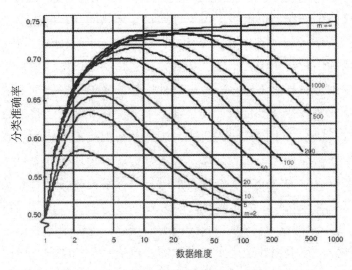

图 1.14　Hughes 现象

　　波段选择为光谱降维的一种方法，通过选取最具代表性的波段来对光谱进行降维。与其他方法相比，波段选择具有很好的物理可解释性，受到了研究人员的广泛关注，在本书中着重探究光谱的波段选择问题。

　　如图 1.15 所示，高光谱目标探测分为像元级目标探测和亚像元级目标探测。高光谱图像的空间分辨率有限，而自然界地物又复杂多样，因此获得的高光谱遥感图像中的光谱可能是不同物质光谱的混合，这样的像元被称为混合像元。若像元仅包含一种地物的光谱曲线，这样的像元被称为纯像元。若目标的空间尺寸不足一个像元，则称此目标为亚像元目标，否则就称为像元级目标。对于混合像元来说，需要确定以下两个问题：

　　（1）像元中存在的地物（即端元）类型。

　　（2）不同地物在像元中所占比例（即丰度）。

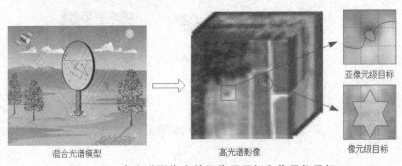

图 1.15　高光谱影像中的亚像元目标和像元级目标

解决了这两个问题，也就解决了亚像元目标地物的探测问题。光谱解混技术就是针对这类问题开发的技术，通常包含三个研究方向，分别为获取端元数目、提取端元光谱和估计对应端元丰度。端元数目是指高光谱图像中存在的地物种类数。端元提取则是对高光谱遥感图像中每种地物的光谱提取。丰度估计是对每个像元中不同端元所占比例进行估计的过程。本书主要开展确定端元数目后提取端元光谱和估计对应端元丰度算法的研究，这也是解混技术的核心。高光谱的像元级目标探测旨在构造一个二元分类器，将图像中的每个像元分为目标或背景。像元级目标探测可以分为两类：无目标光谱信息的异常检测与有目标光谱信息的目标探测。本书主要探究有目标光谱的目标探测问题。

随着 2012 年深度学习（deep learning）的崛起，深度学习的相关算法与技术已经在各行各业广泛应用并产生了巨大的商业价值。与传统方法相比，深度学习算法更加灵活，它可以自动地从训练数据中学习到复杂的领域知识，并获得远超传统算法的结果。然而，在与高光谱相关的领域，深度学习刚刚兴起，仅在有限几个子领域（如高光谱图像分类）有着较为成熟的应用。在高光谱目标探测、光谱解混和光谱降维领域，传统机器学习方法依然是主流，深度学习还未得到研究人员的广泛关注。因此，本书着重讨论以深度学习为工具对高光谱波段选择、光谱解混和目标探测进行建模的方法。

在高分辨率光学遥感图像的获取过程中，成像系统受到相对运动、飞行姿态变化、相机平台的振动等因素的影响，获取到的图像有时会变得模糊，图像质量下降，如图 1.16 所示。

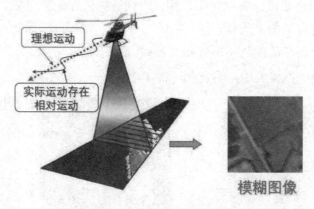

图 1.16　高分辨光学遥感影像降晰

　　这种现象在航空遥感和小卫星平台上表现得尤为明显。按照 1.2 节中的分析，图像模糊不仅带来图像质量的下降，还会严重影响目标检测算法的性能。因此，在高分图像的目标检测之前，对降晰（模糊）图像的复原和像质提升预处理就显得尤为重要。

　　如图 1.17 所示，高分遥感目标检测流程分为图像复原和目标检测两个阶段。其中图像复原技术按照点扩散函数（模糊核）是否已知，可以分为两类：

　　（1）当点扩散函数未知时，需要从模糊图像中同时估计出点扩散函数与清晰图像，这类方法被称为图像盲复原。

　　（2）当点扩散函数已知时，需要从图像中估计出清晰图像，这类方法被称为图像非盲复原。

　　以上两类方法在光学遥感影像复原中均有大量应用，但在实际的遥感成像链路中，图像退化的原因相当复杂，各个降晰环节的点扩散函数通常是未知的，很难获取先验信息，因此盲复原方法的适用范围更广泛。本书主要探究的是模糊图像的盲复原问题。

图 1.17　高分辨光学遥感目标检测流程过程

　　基于遥感图像的目标检测与基于自然图像的目标检测有相似之处，但高分图像的目标与自然图像的目标有很大差异。首先，遥感图像的目标尺寸变化极大。空间尺寸变化是地理空间物体的一个重要特征。这不仅是因为传感器的空间分辨率，还因为类间物体尺寸的变化（如航空母舰对汽车）和类内物体尺寸的变化（如航空母舰对渔船）。因此，遥感数据集的目标尺寸与自然图像的目标尺寸相比，遥感目标的尺寸变化更大。其次，不同的遥感平台使用的传感器分辨率有较大差距，而理想的目标检测算法应该对不同分辨率的图像均能鲁棒检测目标。因此，虽然近年来基于深度学习的目标检测框架已经在安防、自动驾驶、智慧零售等领域有了广泛的应用，但是直接将这些目标检测框架套用在高分图像目标检测上一般不能取得很好的效果。针对以上问题，本书对基于深度学习的目标检测框架进行改进，使检测器有更强的适应性，提升这些框架在遥感图像目标检测上的效果。

1.5 光学遥感图像复原处理研究现状及发展趋势

1.5.1 降晰图像复原技术

当降晰过程为空间移不变时，降晰过程可以被表示为以下形式：

$$f = k*u+n \tag{1.1}$$

式中：f，k，u和n分别为模糊图像、点扩散函数、清晰图像和噪声，$*$ 为卷积算子。图像盲复原意味着需要从模糊图像中同时估计出点扩散函数并复原出清晰图像。早期的图像复原算法有频域法和代数法。频域法是指在频率域内进行图像复原，然后将结果变换回空间域。典型的频域方法有逆滤波、维纳滤波及其改进方法、Lucy-Richardson 方法等。代数法则利用线性代数知识，在假定退化函数和退化图像符合相关条件的前提下，估计出原始图像。常用的方法有均方误差最小准则。这些方法的复原效果在噪声水平较大时往往不理想。

现代图像复原技术多使用贝叶斯框架或最大后验概率框架，并取得了较大的成功。Fergus[103] 使用变分贝叶斯方法在图像盲复原中取得了较好的效果，但贝叶斯方法计算量大，算法速度很慢；Shan Qi 等人[104] 修改了 Fergus 算法的正则化约束，提升了算法的效果。Joshi[171] 通过预测显著边缘位置来估计模糊核。Yan Li 等人[172] 提出了一种基于小支持域正则化逆卷积的遥感影像复原方法。

由于点扩散函数不易获取，研究人员近年也尝试使用辅助设备或使用多帧图像的信息对图像进行复原。Roques[173] 提出利用立体视觉图像法对卫星平台 3 个自由度进行微振动检测，并对光谱图像进行复原。K. Janschek 等人[174] 使用辅助的图像探测器和机上联合变换光学相关处理器来实时测量二维运动，并使用此信息来复原图像。戴宇荣采用光流法对复合相机所获得的多帧图像进行运动图像模糊恢复。Amit Agrawal[175] 利用多帧图像之间相互补偿的方法来补偿各帧的零值，由此解决了模糊核的不可逆问题。Okuda[176] 利用探测器小视差角的信息检测卫星俯仰姿态的振动来复原 DEM 数据。Yueting Chen[177] 采用辅助高速探测器对 TDI-CCD 图像进行复原。Abdollahi[178] 设计了针对推扫型星载成像设备的运动检测和控制装置，通过实时调整卫星姿态来补偿因卫星运动造成的成像误差。西北工业大学的唐梦等人也对基于正则化方法的图像盲去模糊进行了研究。

根据不同的求解模式，模糊图像盲复原算法主要分为两类。第一类是利用原始图像的某些特征（如显著边缘）估计模糊核，再使用估计出的模糊核对图像进行非盲复原。两个过程为独立的过程，计算量较少。第二类方法同时估计模糊核和原始图像。这类算法较为复杂，计算量较大，且由于估计的多解性和不确定性，通常精度不高，得出的解容易陷入坏的局部最优。因此，第一类方法使用得更为普遍。

图像盲复原是一个高度病态的问题，需要引入先验知识来使复原问题可解。目前的研究多在开发有效且鲁棒的先验知识。许多研究人员使用稀疏梯度先验对清晰图像进行建模。然而，Levin 等人[168]的研究表明，基于这个先验的去模糊方法有一个反直觉的缺陷：这个先验对模糊图像也适用，即它没有将清晰图像与模糊图像区分开来。为了解决这个问题，研究人员提出了许多替代方案，包括显著边缘选择方法和隐性特殊正则化方法。Cho 等人[105]选择了显著边缘并使用 shock filter 增强阶梯边缘来指导点扩散函数估计。Xu 和 Jia[102]拓展了 Cho 的方法，他们检测并筛选了大于点扩散函数尺度的显著边缘来指导点扩散函数的估计。这两种算法对于自然图像去模糊有效，但对于低光照图像和人脸图像失效。一些研究人员也提出了很多新的可以区分清晰图像与模糊图像的先验，如归一化稀疏先验、梯度稀疏先验、暗通道先验、极端通道先验、多尺度结构先验、加权图全变分先验、类别自适应先验和基于机器学习的先验等。归一化稀疏先验使用 L_1 范数与 L_2 范数的商来对清晰图像的梯度进行约束。L_0 梯度稀疏先验假设清晰图像的梯度分布是极度稀疏的，但 L_0 范数不可导，因此采用截断 L_2 范数来对其进行近似，实验结果显示了此先验的有效性。暗通道先验是基于以下的观察提出的：清晰图像的暗通道比模糊图像的暗通道要稀疏很多。将此约束与 L_0 约束结合可以有效地恢复出清晰图像。极端通道先验同时考虑了暗通道和亮通道的影响，结合 L_0 梯度先验对图像进行复原。暗通道先验和极端通道先验约束为现在最有效的方法，但由于这两种算法为基于图像块的方法，计算量较大，算法运行很慢。

此外，深度学习也逐渐在图像复原的领域崭露头角。Hradis 等人[169]提出了一个卷积神经网络来对文本图像进行去模糊。Schuler 等人[108]提出了一个深度网络来直接估计点扩散函数，然后使用传统去模糊算法来恢复图像。Chakrabarti[170]等人训练了深度学习网络来回归去模糊滤波器。然而，基于深度学习的盲复原模型的表现还远远不如传统算法，尤其是在大尺度模糊图像上的表现很差。Li 等人[111]使用了一个深度卷积神经网络来学习清晰图像和模糊图像的差异性特征，并与传统方法结合来进行图像盲复原。

1.5.2 高分图像目标检测技术

早期的光学遥感图像目标检测技术可以分为以下几种：

（1）基于边缘检测的目标检测。

（2）基于传统分割算法的目标检测。

（3）基于视觉显著性的目标检测。

（4）基于传统机器学习的目标检测。

基于边缘检测的目标检测技术以边缘为主要探测目标，常用的边缘检测算子有 Roberts 算子、Sobel 算子、Canny 算子等。基于传统分割的目标检测利用图像中的目标与背景的像元值差异来进行目标检测，这种算法把图像视为具有不同灰度级的区域，通过阈值分割将图像分割成为二值图像。常用的算法有 Ostu 阈值分割、分水岭分割、迭代全局阈值分割算法等。基于视觉显著性的目标检测旨在模拟人的注意力机制，快速在图像中寻找并聚焦于感兴趣的区域。视觉性显著算法分为自上而下和自下而上的显著性检测方法。自上而下的检测方法耗时长、运行速度慢；而自下而上的方法运行速度块。比较典型的显著性目标检测方法为 ITTI 算法、GBVS 算法、FT 算法、PQFT 算法等。这种方法一般被使用在候选区域的粗筛选。基于传统机器学习的目标检测算法通常使用特定算法进行特征提取，再将得到的特征向量送入特征分类器进行训练。然而，传统机器学习的特征设计与提取较为困难，需要大量时间来设计比较合理的特征提取算法。

近年来，由于深度学习技术的快速发展，使用深度卷积神经网络的目标检测技术已经成为主流。自 2012 年基于深度学习的分类模型在 ImageNet 比赛中亮相并一举拿下冠军以来，这种模型就开始受到研究人员的广泛关注。深度学习可以自动抽取数据中的抽象特征，因此相较于传统方法，深度学习有着巨大的优势。基于深度学习的目标检测包含两个子任务，分别为物体定位和物体分类，前者确定物体位置，后者确定物体类别。按照有无锚框来分类，目前的深度学习目标检测框架可以分为两大类，即基于锚框（anchor-based）的目标检测框架和无锚框（anchor-free）的目标检测框架。按照检测阶段来分类，框架可以分为三大类，即基于单阶段检测的目标检测算法（one-stage detector）、基于双阶段检测的目标检测算法（two-stage detector）和基于级联检测的目标检测算法（cascade detector）。单阶段检测的算法不需要筛选候选区域，直接通过卷积神经网络来生成各个物体所属的类别与具体位置，比较典型的单阶段算法有 YOLO、SSD 等；双阶段检测的目标检测算法将目标检测问题划分为两个阶段，第一个阶段产生候选区域，然后通过非极大值抑制（non-maximum suppression，NMS）对候选区域进行筛选，经过筛选的候选区域在第二个阶段进行重新分类和位置的精细修正。这类算法的典型代表为 R-CNN 系列，如 R-CNN、Fast R-CNN 和 Faster R-CNN。级联检测的目标检测算法在双阶段目标检测算法的基础上对结果进行了进一步修正，得到更理想的物体边框。这类算法的典型代表为 cascade R-CNN。以上所描述的方法均为基于锚框的方法，这些检测器通过预设大量的锚框来配合标注的目标框构建正例进行训练。近年来，无锚框的方法也被相继提出并成为另一股研究热点，这种方法无须锚框来进行辅助训练，典型方法有 CenterNet、CornerNet、RepPoints 等算法。

以上的目标检测框架是针对自然图像的目标检测设计的。由于光学遥感图像的特殊特点，直接使用这些目标检测框架往往得不到很好的效果。遥感数据集的目标尺寸变化比自然图像中的目标尺寸变化更大。空间尺寸变化是地理空间物体的一个重要特征。这不仅是因为传感器的空间分辨率，还因为类间物体尺寸的变化和类内物体尺寸的变化、不同的星载传感器分辨率不一样而导致漏检、错检。近年来，有部分研究人员将深度学习用于光学遥感图像目标检测。Chen 等人[165]通过微调（fine tune）HDCNN 网络来检测光学遥感图像中的汽车。Zhang 等人[166]通过微调 AlexNet 来进行森林火灾检测，然而这个方法只是用 AlexNet 作为特征提取器，并不是端到端的检测，所以依旧没有摆脱使用浅层机器学习算法进行目标检测的思想。Jian Ding 等人[167]在 Faster R-CNN 框架的基础上增加了对感兴趣特征的旋转变换来对光学遥感图像中的目标进行检测。

1.6　高光谱目标检测技术研究现状以及发展趋势

1.6.1　高光谱图像降维技术现状

随着高光谱成像技术的发展，光谱分辨率有了很大的提高，这为快速分析图像带来了计算上的困难，且容易产生 Hughes 现象。因此，高光谱图像数据降维成为一个重要的技术手段。

高光谱图像数据降维技术可以分为两类：特征提取（feature extraction）[1] 和波段选择（band selection）[2]。特征提取通过寻找合适的特征变换将高光谱数据映射到一个低维空间来达到降维的目的；波段选择通过从原始的光谱波段集合中寻找最有代表性的子集来进行光谱降维。特征提取通常比波段选择损失更少的信息，但是没有可解释性；相比之下，波段选择可以用来辅助目标特性分析，因此在实际场景中使用更广泛。

根据高光谱图像的标注情况，特征提取可以分为两类：有监督特征提取和无监督特征提取。有监督特征提取需要标注的样本进行训练，而无监督特征提取只需要原始高光谱图像即可训练。基于判别分析的特征提取（discriminant analysis feature extraction，DAFE）[3] 是一个早期的有监督特征提取算法。这种方法为参数化方法，通过最大化类间方差与类内方差的比例来提取特征。然而，因为压缩信息的秩小于类别数，这种方法无法保留全部信息。另外，类别的均值也会影响 DAFE 的结果。因此，Chulhee 等人提出了基于决策边界的特征提取[4] 方法来部分修正这个问题。然而，这种方法直接与训练样本一起确定有效决策边界的位置，因此它可能在训练样本太少的情况下失效。Bor-Chen Kuo 等人提出非参数化加权特征提取（nonparametric weighted feature extraction，NWFE）[5] 算法来克服参数化特征提取方法的缺点，它通过给不同样本赋予不同的权重来计算局部均值，并定义了一个新的类间和类内非参数分散矩阵来产生比 DAFE 更多的特征，从而改善了参数特征提取的局限性。此外，还有一些基于判别分析的算法可以有效提升 DAFE 的性能，如基于线性约束距离的判别式分析（linear constraint distance-based discriminant analysis，LCDDA）[6]、改进的 Fisher 线性判别式分析（modified Fisher's linear discriminant analysis，MFLDA）[7] 和基于张量表征的

判别分析 [8] 算法。近年来，有监督学习的特征提取算法大多利用了图像的空间信息。Wei Li 等人使用了局部 Fisher 判别分析 [9] 来进行特征提取。Yicong Zhou 等人同时考虑了光谱域和空间域的局部邻域信息，由此得到高光谱数据降维的投影数据。[10] Zhaohui Xue 等人提出了一种基于空间和光谱正则化局部判别嵌入的非线性特征提取方法来解决空间变异性和光谱多模态问题。[11]

无监督学习的特征提取技术通过优化目标函数将原始特征投影到低维特征空间。主成分分析（principal component analysis，PCA）[12] 通过寻找合适的投影来最大化信号方差信息。最大噪声分离（maximum noise fraction，MNF）[13] 方法通过寻找一个投影来最大化信噪比。这种特征提取算法常常用来作为后续算法的预处理步骤。其他的特征提取技术有独立主成分分析（independent component analysis，ICA）[14], [15]、非负矩阵分解（non-negative matrix factorization，NMF）[16] 等。武汉大学的朱德辉等人提出了基于波段选择的协同表达高光谱异常探测算法。[17]

根据高光谱图像的标注情况，波段选择可以分为三类：有监督波段选择、半监督波段选择和无监督波段选择。有监督和半监督波段选择都利用有标注的样本来指导选择过程，这两种方法需要标注样本，而无监督波段选择则使用无标注数据来进行学习。标注样本在真实场景中很难获取，因此在现实场景中常使用无监督波段选择。根据波段选择的搜索策略，无监督的波段选择可以被分类为基于排序的方法、基于聚类的方法、基于贪婪搜索的方法和基于进化的方法。基于排序的方法将波段进行排序，选出排名靠前的波段作为选择的波段。Chang 等人提出最大方差主成分分析（maximum-variance principal component analysis，MVPCA）算法 [18]，去除了光谱相关性并进行了光谱选择。这个方法首先根据光谱数据计算出协方差矩阵，其次对其进行特征根分解，并以此构造负载因子矩阵（loading factor matrix），最后依据负载因子矩阵对每个波段进行排序，得到最优的谱段。然而，MVPCA 对噪声敏感，选取的波段常常是高度相关的，这种特性使降维后的图像依然有很多冗余信息。之后，Chang 等人又提出了约束波段选择（constrained band selection，CBS）算法。[19] 这种算法首先对每一个谱段都设计了一个有限脉冲响应（finite impulse response，FIR）滤波器，使用最小二乘法最小化滤波器的输出，其次对每一个谱段依据最小二乘法的解进行排序。CBS 对噪声波段不敏感，然而由于 CBS 忽略了各个波段的关系，CBS 选择出的波段也经常高度相关。W. Zhang 等人提出了基于几何理论的波段选择（geometry-based band selection）方法。[20]

基于聚类的方法首先将所有波段聚成不同的类别，其次选取每种类别中最有代表性的波段作为选择的波段。与基于排序的方法不同，基于聚类的方法注重于减少谱段之间的相关性。Adolfo 等人提出了使用互信息和散度的 Ward's 联动策略（WaLuMI 和 WaLuDi）。[2] 这种方法使用层次聚类将波段聚成若干个类，为了衡量这些波段之间的距离，Adolfo 引入了两个衡量准则，即互信息（mutual information）与 KL 散度（kullback-leibler divergence）。首先，全部的波段使用 Ward's 联动进行聚类，然后从每一类中选出与这一类中所有的波段都最相近的波段作为最具有代表性的波段。通过层次聚类，WaLuMI 和 WaLuDi 可以有效地减少同一类别中波段间的关联。然而，这两种方法对噪声敏感，因为噪声与各个波段都不相关。贾森将基于排序的方法和基于聚类的方法相结合，提出了强化密度峰值聚类（enhanced fast density-peak-based clustering，E-FDPC）方法。[21] 这种方法的基本思想为一个类应该包含一个较大的类内密度与较小的类内距。E-FDPC 基于上述准则将各个波段确定优先级，优先级靠前的波段被选为候选波段。通过估计波段之间的类内距，E-FDPC 可以减少相似波段被同时选中的概率，降低波段间的关联性。Han Zhai 等人提出了平方加权低秩子空间聚类方法（squaring weighted low-rank subspace clustering）。[22] 这种方法首先通过构造求解一个低秩问题来得到一个低秩系数矩阵，其次使用加权平方策略得到波段相似度矩阵，最后使用谱聚类方法对各个波段进行聚类，每一类的类中心被选为最具代表性的波段。

基于贪婪搜索的方法一般需要迭代，在每一次迭代过程中选择或丢弃一个波段，并确保当前选择的波段是当前状态下的最优选择。Xiurui Geng 等人提出了基于体积梯度的波段选择方法（volume gradient band selection，VGBS）[23]，这种方法将光谱看成高维的点，点的集合构成了一个高维平行体（parallelotope）。在初始阶段，所有的波段被当成候选波段。在迭代中，算法计算平行体体积相对于每个波段的梯度，最小梯度的对应波段被删除，直到剩下的波段满足降维波段数的要求。不相关的波段更容易构建一个体积更大的平行体，因此 VGBS 算法可以有效减少波段之间的相关性。然而，因为噪声与所有的波段不相关，所以 VGBS 对噪声不鲁棒。Hongjun Su 等人提出了一种序列前向选择算法（sequential forward selection，SFS）。[24] 这种算法与 VGBS 的主要区别为 SFS 从一个空的波段集合出发，在迭代的过程中通过最小化丰度协方差目标函数（minimum estimated abundance covariance，MEAC），不断地添加代表性的波段进入集合中，直到波段降维数被满足。SFS 的计算复杂度较低，但是对初值比较敏感。

基于进化的方法首先随机生成一个候选波段集合，然后根据不同的进化策略来更新集合直至收敛。最终的波段集合即为选出的最优波段集合。Yuan Yuan 等人提出了基于稀疏表示的波段选择方法 [25]，这种方法首先构建了一个压缩波段描述子来描述压缩后的高光谱图像，其次使用多任务学习的方法来评估当前描述子的优劣，最后使用免疫克隆策略（immune clonal strategy）来搜索最优的谱段组合。与贪婪算法相比，免疫克隆策略更容易找到全局最优解。然而，压缩描述子会丢失波段间的一些内部信息。Maoguo Gong 等人提出了基于多目标优化的波段选择方法（multiobjective optimization band selection，MOBS）[26]，这种方法使用了信息熵和波段数量作为两个目标函数，并通过多目标遗传算法对这两个目标函数进行优化。MOBS 不但表现稳定，而且对参数鲁棒。但是，简单地使用信息熵和波段数量作为评价指标无法捕捉到波段之间的内部关系。

1.6.2　高光谱图像光谱解混技术现状

按照光谱混合模型分类，高光谱解混模型可以分为两类：线性光谱解混模型和非线性光谱解混模型 [27]。线性光谱解混模型（linear mixing model，LMM）假设入射光仅与一种地物相互作用，没有多次反射的现象。在这种情况下，混合光谱 x 为各个端元 e_m 的线性混合：

$$x = \sum a_m e_m + \eta \tag{1.2}$$

式中：a_m 为丰度系数；η 为重构误差。非线性混合模型（non-linear mixing model，NLMM）通常适用于发生多种地物的散射光相互作用的场景。由于地物之间可能有遮挡，光在多种地物之间反射后才被传感器接收。这些相互作用可以是一次的，也可以是多次的，可以是微观的，也可以是宏观的。致密混合模型是一个典型的非线性混合模型。这种模型考虑了具有紧密联系的微粒间的混合效果，包括土壤、矿物颗粒、乳胶中的液滴和油漆等。光线在传播过程中会经过不同微粒的多次作用，在与微粒作用时，光子会被吸收或散射至随机的方向，因此这是一种微观尺度上的混合模型。Hapke 模型 [28, 29] 是这种模型中最典型的模型。Hapke 模型是一种二向性反射模型，它揭示了地物反射率与介质光学和物理参数之间的关系。当地物混合较为复杂时，Hapke 模型的解混效果会好于线性混合模型。但是，这种模型的参数较多且不易获取，极大地限制了模型在实际中的使用。另一种典型的非线性模型为双线性混合模型，这种模型在线性混合模型的基础上额外考虑了地物之间的二次散射作用。根据反射条件的不同，双线性模型有不同的模式和非线性系数。最常见的双线性模型有 Nascimento 模型[30]、Fan 模型[31]、广义双线性模型[32, 33]等。这些模型通常使用端元相乘的形式来模拟非线性光谱混叠效应，通常适用于某种特定的场景，灵活性较差。[34]

与图像复原类似，基于是否已知端元的先验光谱信息，高光谱解混可以分为盲解混和非盲解混两大类。非盲解混假定端元光谱信息已知，只需要得到每一种端元的丰度信息；盲解混则不需要先验的端元信息，它直接从高光谱图像中求解出端元和丰度信息。

按照解混策略分类，光谱解混模型可以大致分为以下两类：基于统计的光谱解混和基于几何特征的光谱解混。如果光谱解混算法使用统计表达（如概率密度函数）来处理混合像元，那么该算法就是基于统计的算法。Nicolas 等人提出了基于层次贝叶斯的联合求解模型[35]，来同时得到端元和丰度信息，这个模型使用层次贝叶斯理论来估计丰度和端元参数的后验概率分布。Lifan Liu 等人提出了基于高斯混合模型的光谱解混模型。[36] Jing Wang 等人提出了基于独立主成分分析的丰度估计算法[37]，这种算法基于图像的高阶统计信息来同时得到端元和丰度图像。Josemp 等人提出了相关成分分析[38]算法，这种算法假设丰度系数的分布为 Dirichlet 混合分布。

基于几何特征的光谱解混模型将光谱看作高维空间的一个点，对应的图像则为一个高维点云。若点云中存在纯净光谱，则点云的形状反映了光谱混合的类型，点云的边缘反映了端元的数量，点云的顶点反映了端元的光谱。这类算法的目标就是估计出点云的顶点。Josemp 等人提出了经典的顶点成分分析法（vertex component analysis，VCA）[39]，这是一种快速端元提取算法。VCA 将高维的光谱图像看成一个凸锥，将此凸锥投影到某个超平面后，投影即为单纯形（simplex），而端元光谱为单纯形的顶点。通过不断地投影到与已找到的子空间正交的方向，VCA 可以迅速确定所有的端元。但是，由于初始投影向量是随机的，VCA 的随机性较大；此外，由于真实情况复杂多变，获取到的高光谱图像可能不是一个凸锥，这与 VCA 的假设不符。Winter 等人提出了 N-FINDR 算法[40]，这个算法通过计算单纯形体积，找到使单纯形体积最大的点作为端元点。与 VCA 相似，这个算法也假设单纯形的顶点为端元，且由端元组成的单纯形体积应为最大。N-FINDR 算法在计算体积时要遍历几乎所有像元，因此它的算法复杂度较高。Chein-I Chang 等人提出了单纯形增长算法（simplex growth algorithm，SGA）[41]，这个算法可以视为 N-FINDR 的改进版本。与 N-FINDR 不同的是，SGA 采用顺序搜索的方式，从零开始确定端元，因此计算复杂度与 N-FINDR 相比大大降低。Boardman 等人提出了像元纯度指数算法（pixel purity index，PPI）[42]，该算法将所有数据随机投影到随机向量上，随机向量的两端为端元的投影，随机向量的中部为混合像元。因此，通过统计每个像元投影到两端的次数即可找到端元。中国科学院对地观测与数字地球科学中心的张兵等人提出了基于离散粒子群优化算法的高光谱图像端元提取方法。[43] 中科院空间信息处理与应用系统技术重点实验室的耿修瑞团队提出了基于光谱相似度量的高光谱图像多任务联合稀疏光谱解混方法。[44]

非负矩阵分解方法是由 Lee 等人提出并发表在 *Science* 期刊上的方法，该方法是一种经典的矩阵分解算法。NMF 在人脸识别、文本聚类、语音增强、生物信息分析等领域均有广泛的应用。在高光谱解混领域，将高光谱图像按行或列拉成一个矩阵后，NMF 将矩阵分解为两个非负矩阵的乘积。分解后的矩阵一个为端元矩阵，另一个为丰度矩阵。近年来，基于 NMF 的解混方法得到越来越多的关注。这种盲解混方法的目标函数是非凸的，当矩阵的初值选取不当时，会使算法陷入局部最优解，导致解混结果不稳定，因此矩阵分解一般需要添加特定约束来限制解空间的大小。常见的约束有最小单纯形体积约束 [45]、局部邻域加权约束 [46] 和稀疏约束 [47] 等。Lidian miao 等人提出了基于最小单纯形体积约束的 NMF 算法 [45]，该算法将最小体积单纯形的思想融入了 NMF 中，在目标函数中加入单纯形体积的惩罚项，得到了更高的精度。Wan 等人提出了 EDC-NMF（endmember dissimilarity constrained non-negative matrix factorization）解混方法 [48]，这种方法假设端元光谱满足光滑性条件，且不同类别的光谱有显著的差异。在众多约束中，稀疏约束可以说是最常用的约束之一。这种约束假设高光谱图像的每条光谱由很少的几类端元混合而成，因此混合光谱的丰度系数是稀疏的。L_p 范数 $(p \leqslant 1)$ 可以诱导解的稀疏性，因此常用它作为丰度向量稀疏的约束项。Yuntao Qian 等人发现使用 $L_{\frac{1}{2}}$ 范数正则化 [47] 能够得到比 L_1 范数更好的结果。Feiyun Zhu 等人提出了基于数据驱动的稀疏正则化 [49] 方法来提升光谱解混的效果。

近年来，基于机器学习的解混方法开始兴起。自编码器 [50] 作为机器学习中的一个常用工具，已经成功地被应用到光谱解混领域，并展现了良好的效果。自编码器是一种无监督的学习算法，Ozkan 等人提出了一种浅层稀疏自编码器 [51] 来同时进行端元提取与光谱降维。Palsson 等人提出一种多层自编码器并结合光谱信息散度目标函数 [52] 来进行光谱解混。Yuanchao Su 等人考虑了异常光谱的问题，他们使用变分自编码器来进行异常光谱筛除，并使用堆叠自编码器来进行光谱解混。[53]大量实验证明基于自编码器的光谱解混模型具有优越的性能，因此这种模型逐渐成为新的研究热点。

1.6.3　高光谱目标检测技术现状

高光谱目标探测旨在构造一个二元分类器，将图像中的每个像元分类为目标或背景。按照有无目标的先验光谱信息，高光谱目标探测可以分为两类：异常检测与基于目标光谱的目标探测。当目标的先验光谱信息未知时使用异常检测技术，当目标的先验光谱信息已知时使用基于目标光谱的目标探测技术。

异常检测是利用模式识别或统计方法从杂乱的背景光谱中检测出异常光谱的方法，它的主要思想是找出与相邻的背景像元具有显著不同光谱特征的像元，这些像元即为异常像元。[54, 55]Reed-Xiaoli（RX）[56]异常检测器为异常检测领域最为经典的探测器，这个算法已被成功地应用于许多高光谱应用中，被认为是异常检测的基准算法。

RX 算法是一种基于广义似然比检验（generalized likelihood ratio test，GLRT）的恒虚警率（constant false-alarm rate，CFAR）自适应异常检测器。当背景变化时，CFAR 的性质允许检测器使用单个阈值来维持较低的虚警率。RX 算法假设背景分布为多维高斯分布，其分布的均值和协方差可以由图像中的像元估计。假设 $x = \left[x_1, x_2, \cdots, x_p \right]^T \in \mathbf{R}^p$ 为测试光谱，则 RX 算子为

$$RX(x) = (x - \hat{\mu}_b)^T \hat{C}_b^{-1} (x - \hat{\mu}_b) \tag{1.3}$$

式中：$\hat{\mu}_b$ 为背景光谱样本的均值；$\hat{C}_b$ 为背景光谱样本的协方差矩阵。本质上讲，算子为测试像元与背景均值之间的马氏距离的平方。背景均值和协方差矩阵可以由整个高光谱图像的像元估计，也可以使用局部滑动窗口估计。局部滑动窗口的示意图如图 1.18 所示。局部滑动窗口由一个内窗口（inner window region，IWR）区域和外窗口（outer window region，OWR）区域组成，外窗口与内窗口共用一个中心，外窗口包含内窗口。内窗口的尺寸与要探测的目标尺寸一致。局部背景均值向量和协方差矩阵由那些位于外窗口内并在内窗口外的像元值计算。在内窗口与外窗口之间还常常有一个保护区域（guard band），这个区域用来屏蔽可能落入外窗口区域的目标。显然，与基于全局背景的 RX 算子相比，基于局部背景的 RX 算子的计算量巨大。一些研究人员提出基于 RX 算法的变种，如 Schaum 等人提出了子空间 RX（sub-space RX，SSRX）[57]方法，这个方法认为那些高方差的

光谱维度不符合正态分布，因此需要先利用 PCA 将高方差的背景光谱分量删除，然后再使用 RX 算子进行异常检测。Kwon 等人提出了核 RX 算法（kernel RX，KRX）。[58] KRX 算法将原始数据做非线性数据变换，使得变换后的数据更容易被区分异常。Friedman 等人考虑到协方差矩阵可能是一个病态矩阵，因此使用了收缩算子（shrinkage operator）来减轻协方差矩阵的病态程度。[59]

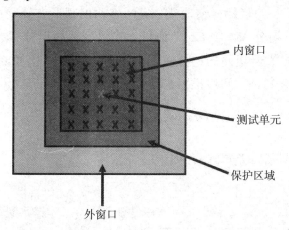

图 1.18　局部滑动窗口示意图

Banerjee 等人提出一种基于支持向量数据表达（support vector data description，SVDD）的异常检测算法。[60] 该算法利用支持向量机的原理，寻找能够包裹背景光谱数据的最小超球面，当测试光谱在球面外部时，即为异常点。SVDD 不需要对背景端元进行具体分布的假设，因此误检率比 RX 算子低。而且，由于 SVDD 的计算可以用核函数技巧完成，计算速度较快。

异常检测的另一个思路为背景分量去除。[61] 这种算法将背景作为一个子空间，然后将每条光谱中属于背景子空间的分量去除，剩下的分量即为可能的异常目标。背景子空间可以由子空间的一组基来表示，有几种方法可以得到这组基。最常用的方法为对背景协方差矩阵进行特征值分解，排名靠前的特征值对应的特征向量即为背景的基向量集合。也可以使用光谱解混来从背景图像中获得基向量。

当目标的先验光谱已知时，可以进行基于目标光谱的目标探测。在这种情况下，目标光谱集可以包含单条或多条光谱，而背景可以用一个高斯分布或某个子空间来表示，如图 1.19 所示。比较经典的目标探测算法有线性光谱匹配滤波（linear spectral matched filter，SMF）[62]、匹配子空间滤波器（matched subspace detector，MSD）[63]、自适应子空间探测器（adaptive subspace detector，ASD）[64]

和正交子空间投影算法（orthogonal subspace projection，OSP）[65]。SMF 模型的目标缺失假设 H_0 和目标存在假设 H_1 可以被表示为

$$\begin{cases} H_0 : x = n, & \text{目标存在} \\ H_1 : x = as + n, & \text{目标缺失} \end{cases} \tag{1.4}$$

式中：a 为待求解的目标丰度系数，$a = 0$ 表示没有目标存在，$a > 0$ 表示目标存在。$s = \left[s_1, s_2, \cdots, s_p\right]^{\mathrm{T}}$ 为目标光谱曲线，n 为零均值高斯背景噪声。SMF 模型假设背景噪声服从高斯分布 $N\left(0, \hat{C}_{\mathrm{b}}\right)$，而目标光谱服从高斯分布 $N\left(as, \hat{C}_{\mathrm{b}}\right)$。两个分布拥有不同的均值但相同的协方差矩阵。由广义似然比率测试（generalized likelihood ratio test）方法，可以推出 SMF 的输出为

$$D_{\mathrm{SMF}}(x) = \frac{s^{\mathrm{T}} \hat{C}_{\mathrm{b}}^{-1} x}{\sqrt{s^{\mathrm{T}} \hat{C}_{\mathrm{b}}^{-1} s}} \tag{1.5}$$

式中：$\hat{C}_{\mathrm{b}}^{-1}$ 表示背景协方差矩阵的逆矩阵。

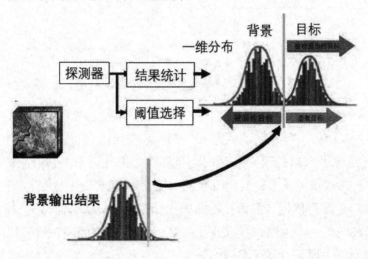

图 1.19　经典目标探测器原理示意图

MSD 模型假设目标向量可以被表示为目标光谱和背景光谱的线性组合。因此，目标存在与目标缺失的假设可以被表示为

$$D_{\mathrm{MSD}}(x) = \frac{x^{\mathrm{T}} \left(1 - P_{\mathrm{b}}\right) x}{x^{\mathrm{T}} \left(1 - P_{\mathrm{tb}}\right) x} \tag{1.6}$$

式中：$P_{\mathrm{b}} = BB^{\#}$；$B^{\#} = \left(B^{T} B\right)^{-1} B^{\mathrm{T}}$；$P_{\mathrm{tb}} = [S; B][S; B]^{\#}$。

ASD 检测器的假设为

$$\begin{cases} H_0: \boldsymbol{x} = \boldsymbol{n}, & \text{目标缺失} \\ H_1: \boldsymbol{x} = \mu \boldsymbol{S}\theta + \boldsymbol{n}, & \text{目标存在} \end{cases} \tag{1.7}$$

式中：μ 为目标强度（target strength）。在此假设下，ASD 检测器的公式为

$$D_{\text{ASD}}(\boldsymbol{x}) = \frac{\boldsymbol{x}^{\mathrm{T}} \hat{\boldsymbol{C}}_{\text{b}}^{-1} \boldsymbol{S} \left(\boldsymbol{S}^{\mathrm{T}} \hat{\boldsymbol{C}}_{\text{b}}^{-1} \boldsymbol{S} \right)^{-1} \boldsymbol{S}^{\mathrm{T}} \hat{\boldsymbol{C}}_{\text{b}}^{-1} \boldsymbol{x}}{\sqrt{\boldsymbol{x}^{\mathrm{T}} \hat{\boldsymbol{C}}_{\text{b}}^{-1} \boldsymbol{x}}} \tag{1.8}$$

OSP 检测器旨在最大化与背景光谱空间正交的目标信号信噪比，其表达形式为

$$D_{\text{osp}} = \boldsymbol{q}_{\text{OSP}}^{\mathrm{T}} \boldsymbol{x} = \boldsymbol{s}^{\mathrm{T}} P_{\text{b}}^{\perp} \boldsymbol{x} \tag{1.9}$$

式中：$\boldsymbol{q}_{\text{OSP}}^{\mathrm{T}} \boldsymbol{x} = \boldsymbol{s}^{\mathrm{T}} P_{\text{b}}^{\perp} \boldsymbol{x}$ 为 OSP 算子；$P_{\text{b}}^{\perp} = \left(1 - \boldsymbol{B}\boldsymbol{B}^{\#} \right)$ 为背景消除算子，用来提取 x 中与背景子空间垂直的分量。

以上所有的探测器都可以被拓展为基于核函数的目标探测器。[66] 通过核函数技巧对原始特征进行非线性变换，可以使探测器的探测能力更强。探测器还可以进行级联 [67]，通过使用上一个探测器的探测结果来保持目标光谱并压制背景光谱，以降低后续探测器的探测难度。中科院对地观测与数字地球科学中心的贺霖等人提出了基于子空间投影的未知背景航拍高光谱图像恒虚警目标探测算法。[68] 武汉大学的张良配团队提出了一种融合光谱匹配和张量分析的高分辨率遥感影像目标探测器。[69] 中国科学院遥感与数字地球研究所的童庆禧团队研究了高光谱目标探测中的空间和光谱尺度效应。[70]

随着稀疏表示理论的兴起，基于稀疏表示的高光谱目标探测器也被研究人员提出。这种探测器将测试信号表示为来自过完备字典中的原子基底的线性组合，且线性组合的系数符合稀疏假设。假设图像中有 K 类地物，第 k 类有 N_k 个训练样本 $\{a_j^k\}_{j=1,\cdots,N_k}$。如果 x 属于第 k 类，那么 x 在第 k 类样本张成的子空间中。Chen 等人 [71] 假设测试样本 x 在 K 类地物张成的空间的并集中，因此 x 可以写成如下形式：

$$\boldsymbol{x} = \boldsymbol{A}_{\text{b}} \alpha_{\text{b}} + \boldsymbol{A}_{\text{t}} \alpha_{\text{t}} = \boldsymbol{A}\boldsymbol{\alpha} \tag{1.10}$$

式中：$\boldsymbol{A}_{\text{b}}$ 和 $\boldsymbol{A}_{\text{t}}$ 为背景和目标字典，α_{b} 和 α_{t} 为稀疏背景和目标系数向量。

给定一个过完备字典 A，可以求解以下目标函数来得到 α：

$$\arg\min : \|\boldsymbol{\alpha}\|_0 \quad \text{s.t.} \|\boldsymbol{x} - \boldsymbol{A}\boldsymbol{\alpha}\|_2 \leqslant \varepsilon \tag{1.11}$$

式中：$\|\boldsymbol{\alpha}\|_0$ 表示 L_0 范数；ε 为误差上界。然而，由于求解 L_0 范数为一个 NP 难问题，在实际应用中经常将 L_0 范数松弛为 L_1 范数。[72] 求解得到 α 后，即可根据背

景和目标字典来重构检测光谱。最后，通过比较两种重构误差，即可探测目标。Ahmad 等人将低秩矩阵分解与稀疏表示结合起来进行高光谱目标探测。[73] 这种算法假设背景光谱子空间为低秩子空间，而目标稀疏地分布在待检测高光谱数据中。基于这个假设，算法使用了 Robust PCA 思想对高光谱图像进行了背景与目标分离，并使用分离后的数据对光谱图像进行重构误差分析来确定可能的目标位置。

1.7　本章小结

从上述分析可以看到，总体而言，高光谱目标探测的相关算法以传统算法为主，而基于深度学习的算法不算丰富；对于高分图像目标检测来说，虽然基于深度学习的自然场景下的目标检测算法种类繁多，但能够适配高分辨光学遥感目标检测的算法仍相对较少。

具体来说，在波段选择方面，大多数算法使用简单的线性或非线性局部关系对光谱间的关系进行建模，然而由于真实场景中的地物分布复杂、光照条件不一致等因素，这种简单的先验假设可能会失效。在光谱解混方面，当前大部分解混方法依然使用传统机器学习算法对光谱解混问题进行建模。这些方法的假设较为简单，如基于几何特征的光谱解混大多将光谱点云集合的形状假设为一个凸锥，这种假设显然无法适应真实场景中的复杂情况。在高光谱目标探测方面，大多数方法为基于传统机器学习的算法，其模型表达能力较弱，不适用于复杂的真实场景中。在模糊光学图像复原方面，现有效果最好的盲复原算法使用了基于局部图像块的先验，如暗通道先验、极限通道先验等。但是，基于局部图像块的先验需要计算大量重复的像元，算法复杂度较高，无法满足快速处理模糊遥感图像的需求。在高分图像的目标检测方面，虽然高分图像的目标检测与基于自然图像的目标检测有相似之处，但高分图像的目标特点与自然图像的目标有很大差异。遥感图像的目标尺寸变化极大，不同的遥感平台使用的传感器分辨率也有较大差距，而理想的目标检测算法应该对不同分辨率的图像均能鲁棒检测目标。因此，虽然近年来基于深度学习的目标检测框架已经在安防、自动驾驶、智慧零售等领域有了广泛的应用，但是直接将这些目标检测框架套用在高分图像的目标检测上一般不能取得很好的效果。

因此，对于高光谱目标探测相关算法，需要寻找更灵活的工具来对相关问题进行建模；对于模糊光学图像复原，需要研究更快更好的盲复原算法；对于高分辨光学遥感目标检测，需要改造当前目标检测器的结构，使之适应遥感目标的特点。

第 2 章 基于变指数函数正则化的遥感图像降晰模型辨识研究

2.1 引　　言

实际获取的遥感影像或多或少都存在像质退化的情况，对于退化图像的简析模型辨识是提高像质的重要步骤。目前可以通过场地定标等卫星在轨检校手段获取成像系统的 MTF，继而可以得到降晰环节的点扩散函数（point spread function，PSF），但场地定标通常需要布设专用靶标，对检校的场景、天气等有特殊要求。而退化图像在成像状态和靶标图像获取时相差较大时，所测量的 MTF 将不能准确评价成像链路的退化特性。这也意味着 PSF 是很难获取或不可能获取的，甚至退化类型的先验知识也是缺乏的，这样从退化的图像中辨识降晰模型参数就成为唯一的选择。

在本章中，考虑到光学遥感成像多退化因素混合作用的特性，提出一种基于变指数函数正则化的模型来自适应辨识退化 PSF，并同时完成去模糊的复原操作。与现有模型多集中解决单一退化类型（如运动、散焦和高斯退化等）和使用固定正则项估计 PSF 参数不同，本章所提出的模型不仅可以估计单降晰因素的模糊核，还适用于多种退化类型组合的复合 PSF 辨识，有更好的适应性。

2.2　模型基础

2.2.1　图像退化模型

一般来说，多种原因可以导致卫星遥感图像的模糊，如大气湍流、航天器失稳、镜头失焦以及其他传感器特性。[74] 正向模糊过程的模型可以表示为

$$u(x,y) = k(x,y) * f(x,y) + n(x,y) \tag{2.1}$$

式中：$u(x,y)$ 是降质图像；$k(x,y)$ 是点扩散函数 PSF；$*$ 表示卷积算子；$f(x,y)$ 是未知的清晰图像；$n(x,y)$ 表示噪声，通常假设为高斯白噪声。如果 $k(x,y)$ 是已知的，该模型成为一个非盲去卷积问题，可以得到非常好的结果。但当 PSF 无法获取时，盲去卷积的任务是仅给出退化图像 $u(x,y)$ 同时估计未知的清晰图像 $f(x,y)$ 和点扩散函数 $k(x,y)$。在一般图像处理领域，已经提出了许多方法来解决盲去卷积[75]，如谱估计和倒谱零点估计[76]、统计估计[77]、维纳滤波[78]、基于学习的方法[79]、基于能量的方法[80]。对于遥感图像，研究人员经常使用特定的特征估计 PSF 对象（如点源、边缘等）。常用的方法包括刃边法[81]、基于稀疏度的正则化[82] 和脉冲法[83] 等。这些方法往往需要先验的退化类型支持，当退化类型是复合型或无法获知时，往往难以获得理想的复原效果。

2.2.2　变指数函数正则化模型

本节简要介绍变指数空间的定义，更多的性质与结论介绍请参考文献 [84]。变指数 Lebesgue 空间与 Sobolev 空间的定义如下：令 $p(x):\Omega \to [1,+\infty)$ 是一个可测函数，也称为 Ω 上的变指数函数。我们将所有在 Ω 上的可测函数记作 $P(\Omega)$。令 $p^- = \mathrm{ess\,inf}\,p(x)$，$p^+ = \mathrm{ess\,sup}\,p(x)$。定义模数为

$$Q(u) = \int_\Omega | u |^{p(x)}\,\mathrm{d}x \qquad (2.2)$$

定义范数为

$$\| u \|_{p(x)} = \inf\{\lambda > 0 : Q(u/\lambda) \leqslant 1\} \qquad (2.3)$$

那么变指数 Lebesgue 空间和 Sobolev 空间可以被定义为

$$\left.\begin{array}{l} L^{p(x)}(\Omega) = \{u:\Omega \to \mathbf{R}\mid \ \| u \|_{p(x)} < \infty\} \\ W^{1,p(x)}(\Omega) = \{u:\Omega \to \mathbf{R}\mid \ u \in L^{p(x)}(\Omega),\ \nabla u \in L^{p(x)}(\Omega)\} \end{array}\right\} \qquad (2.4)$$

$W^{1,p(x)}(\Omega)$ 的范数为 $\|u\|_{1,p(x)} =\| u \|_{p(x)} + \| \nabla u \|_{p(x)}$，$W^{1,p(x)}(\Omega)$ 为 Banach 空间。

2.3　基于变指数函数正则化的多因素图像降晰模型辨识

2.3.1　基于变指数函数正则化的 PSF 估计

图像盲去卷积是一个非常病态的问题，因此必须添加正则项才能使问题得到良好的解决。图像盲去卷积的最近趋势集中在将正则化理论扩展到解决图像去卷积问题上。对于遥感应用，PSF 具有一定的固定的参数结构。如果只把大气湍流

作为图像退化的原因，那么 PSF 将是光滑且非稀疏的高斯型。如果镜头散焦是主要原因，那么 PSF 将是具有锐利边缘的分段恒定型。如果卫星姿态运动是主要原因，那么 PSF 将是分段恒定且稀疏的。实际上，这三个因素都会导致退化，而 PSF 是三种形式的卷积，仅仅使用单一简单的先验无法得到令人满意的结果。但是，大多数现有的盲复原方法需要对 PSF 的结构（通常是高斯型）做出单一硬性规定，通过向算法添加简单的先验，这限制了算法的灵活性，也很难得到最佳的复原效果。[85] 实际的遥感图像的 PSF 通常由几种简单的 PSF 组成，复合的 PSF 有更为灵活的结构，包含了各种简单的 PSF 的特征。

如图 2.1 所示为 3 个最常见的简单 PSF 和 3 个由 2 个或者 3 个不同类型的简单 PSF 复合形成的 PSF。图 2.1（a）表示高斯 PSF，图 2.1（b）表示圆盘 PSF，图 2.1（c）表示运动 PSF，图 2.1（d）表示高斯 – 圆盘复合型 PSF，图 2.1（e）表示高斯 – 运动复合型 PSF，图 2.1（f）表示高斯 – 圆盘 – 运动复合型 PSF。可以看出高斯 – 圆盘复合型 PSF 类似于高斯分布，但不如纯高斯分布平滑。高斯 – 运动复合型 PSF 不再是分段常数。高斯 – 圆盘 – 运动复合型 PSF 则没有锋利的边缘了。

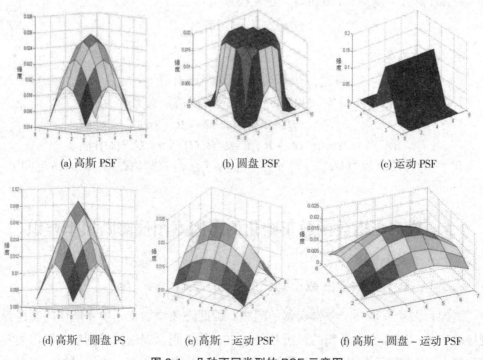

(a) 高斯 PSF 　　(b) 圆盘 PSF 　　(c) 运动 PSF

(d) 高斯 – 圆盘 PS 　(e) 高斯 – 运动 PSF 　(f) 高斯 – 圆盘 – 运动 PSF

图 2.1　几种不同类型的 PSF 示意图

传统的盲复原方法通常采用两种先验分布来对 PSF 建模：高斯和拉普拉斯分布，对应的正则项分别被称为全变差（total variation，TV）正则和 Tikhonov 正则。

1. 基于 TV 正则项的盲复原算法

TV 正则化模型由 L. I. Rudin 与 S. Osher 首次提出 [86]，基本形式为

$$R(f) = \iint_{\Omega} |\nabla f| \, \mathrm{d}x\mathrm{d}y \quad\quad (2.5)$$

使用 TV 正则项的先验知识是假设图像的像元值符合拉普拉斯分布。使用 TV 正则项能够保持图像的边缘，处理后的图像边缘不会变模糊。受到 TV 的启发，T. Chan 与 Wong 提出了 TV 盲复原模型 [87]，构建的能量泛函为

$$\left.\begin{array}{l} E(f,k) = \dfrac{1}{2}\int_{\Omega}(k \otimes f - u)^2 \, \mathrm{d}x\mathrm{d}y + \lambda \int_{\Omega}|\nabla f| \, \mathrm{d}x\mathrm{d}y + \gamma \int_{D}|\nabla k| \, \mathrm{d}x\mathrm{d}y \\[2mm] \text{s.t.} \int_{D} k\mathrm{d}x\mathrm{d}y = 1, k(x,y) \geqslant 0, k(-x,-y) = k(x,y) \end{array}\right\} \quad (2.6)$$

式中：D 为点扩散函数的紧支集。文献 [164] 中使用了滞后不动点算法求解该模型。结果显示即使点扩散函数没有被准确复原，复原的图像也可以接受。然而，该模型由于加了点扩散函数的形状对称这一约束条件，其能够复原的点扩散函数大大减少。

2. 基于 Tikhonov 正则项的盲复原算法

Tikhonov 正则化是一种经典的正则项方法。[88] Tikhonov 正则化的形式为

$$R(f) = \iint_{\Omega} |\nabla f|^2 \, \mathrm{d}x\mathrm{d}y \quad\quad (2.7)$$

使用 Tikhonov 正则项对图像进行建模，就是假设图像的像元值分布符合高斯分布。Tikhonov 正则化等价于高斯滤波器，这是一种各向同性的滤波器，在图像的边缘地带也会向各处以相同的方向扩散，造成边缘模糊。Youli You 和 M. Kaveh 提出使用 Tikhonov 正则化来恢复模糊核与图像。他们提出了以下模型：

$$\left.\begin{array}{l} E(f,k) = \dfrac{1}{2}\int_{\Omega}(k * f - u)^2 \, \mathrm{d}x\mathrm{d}y + \lambda \int_{\Omega}|\nabla f| \, \mathrm{d}x\mathrm{d}y + \gamma \int_{D}|\nabla k| \, \mathrm{d}x\mathrm{d}y \\[2mm] \text{s.t.} \int_{D} k\mathrm{d}x\mathrm{d}y = 1, k(x,y) \geqslant 0 \end{array}\right\} \quad (2.8)$$

他们采用交替迭代的方法求解模型，每步都使用最速下降法来求解。但是，这个模型对于光滑的点扩散函数恢复较为理想，对于运动模糊核等其他类型的模糊核恢复效果较差。

由于其清晰的边缘重建，TV 正规项是非常成功的针对类似分段常数 PSF 图像复原的方法。然而，对于平稳的 PSF，TV 正则化并不能得到满意的结果。与之

相反，Tikhonov 正则化对于平滑 PSF 重建来说是非常优越的，但是如果 PSF 是分段常数的，则会产生边缘效应使边缘模糊。[89] 因为点扩散函数的类型各不相同，每种类型的点扩散函数的特性都不相同。因此如果使用单一的先验估计（分段常数或平滑的先验估计），很明显不能满足点扩散函数的要求。[90]

鉴于 TV 与 Tikhonov 正则化各有优缺点，最明智的做法就是结合它们的优势。若是可以将它们的优点结合起来，势必可以提升模型的适应范围，也可以得到更好的恢复效果。基本的想法是在边缘附近使用类似 TV 的正则化，在平坦区域使用类似 Tikhonov 的正则化，并在其他地方使用合适的正则化，这样可以提供更好的平滑度，同时仍然可以恢复尖锐边缘，从而提高 PSF 结构的灵活性。对于遥感图像，虽然主要的降质因素是大气湍流，但 PSF 通常是多个简单 PSF 的组合，会导致相比于纯高斯稍不平滑的形状。基于上述原因本章基于变指数函数正则项 $R(\boldsymbol{k})$ 的模型来估计 PSF，$R(\boldsymbol{k})$ 可以通过式（2.9）求得：

$$R(\boldsymbol{k}) = \int |\nabla \boldsymbol{k}|^{p(|\nabla c|)} \mathrm{d}\delta \qquad (2.9)$$

式中：$\boldsymbol{k}$ 表示 PSF 的估计值，$\nabla \boldsymbol{k} = \sqrt{k_x^2 + k_y^2}$，$k_x$ 和 k_y 分别是 k 对 x 和 y 的偏导数，c 表示真实的 PSF。$p(s)$ 可以通过式（2.10）求得：

$$p(s) = 1 + \frac{1}{1 + ts^2} \qquad (2.10)$$

$p(s)$ 是具有以下性质的函数：

① $p(s)$ 为关于 s 的减函数；

② $p(s)$ 的取值范围是 $(1, 2]$；

③ 对于边缘区域，s 很大时，$p(s)$ 趋于 1；

④ 对于平坦区域，s 较小时，$p(s)$ 趋于 2。

从上述性质可以看出，$|\nabla \boldsymbol{k}|^{p(|\nabla c|)}$ 能自动识别不同区域，并可自适应地提供不同的指数。

参数 t 可以看作一个阈值，它控制着 $p(s)$ 的下降速度。不同 t 对 $p(s)$ 的影响如图 2.2 所示。若 t 值过大，那么 $p(s)$ 下降过快，TV 类正则化则会占据主导地位；若 t 值过小，那么 $p(s)$ 下降缓慢，Tikhonov 类正则化在大部分区域占据主导地位。因此，必须选择适当的 t 值来满足预期的要求。

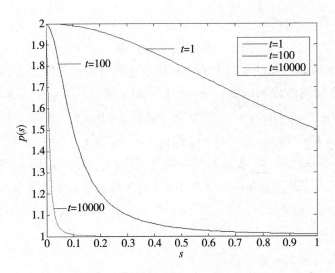

图 2.2　不同 t 值对 $p(s)$ 的影响

基于上述原因，本章提出如下模型：

$$\min_{f,k} j\left(f,k\right) = \min_{f,k} \gamma \left\| k\left(x,y\right) * f\left(x,y\right) - u\left(x,y\right) \right\|_2^2 + \alpha R\left(k\right) + \beta \int \left| \nabla f \right| \mathrm{d}\delta \qquad (2.11)$$

应满足条件：

$$k(x,y) \geqslant 0 , \quad (x,y) \in D$$

$$\int_D k(x,y)\mathrm{d}x\mathrm{d}y = 1 , \quad (x,y) \in D$$

$$0 \leqslant \min(f) \leqslant f(x,y) \leqslant \max(f) < \infty , \quad (x,y) \in \Omega$$

式中：α、β 和 γ 为正常数；D 表示 PSF 的支撑域。

2.3.2　模型求解

下面本章通过使用分裂 Bregman 框架[91] 和交替最小化算法[16]，推导出了一个交替的分裂 Bregman 方法来求解公式（2.11）。分裂 Bregman 算法是一种快速迭代算法，由于该算法编程简单，数值求解过程比较稳定，在计算过程中可保持正则化参数为一个常数，速度快，内存占用小，常用于求解带 L_1 项的凸优化问题。[92] 为了使用傅里叶变换，先假设图像和 PSF 这两者都满足周期性边界条件。为了推导出交替分裂 Bregman 算法，引入了两个对偶变量，即 b_1 和 b_2，分别用来替代 ∇k 和 ∇f，同时考虑了公式（2.11）的离散形式，来解决离散的约束优化问题。

$$\min_{f,K} J(f,K) = \min_{f,K} \gamma \| Kf - u \|_2^2 + \alpha \sum | b_1 |^{p(|\nabla c|)} + \beta \sum | b_2 | \qquad (2.12)$$

应满足条件：

$$b_1 = \nabla k , \quad b_2 = \nabla f$$

式中：f，u 和 k 以向量的形式分别表示待求清晰图像、观测图像和 PSF，它们均是由列字典序排列而成的向量；γ，α 和 β 为正常数；K 表示由 k 生成的循环块的块循环矩阵；$|b| = \sqrt{b_1^2 + b_2^2}$，同时满足条件 $b = (b_1, b_2)$，其中 b_1 和 b_2 均为向量；$\nabla k = (k_x, k_y)$，$\nabla u = (u_x, u_y)$，其中 u_x 和 u_y（或 k_x 和 k_y）分别表示水平和垂直方向上的一阶有限差分；$\sum$ 表示对所有向量元素的求和。使用增广拉格朗日乘子法（augmented lagrange method），用式（2.13）重新定义了上述模型。

$$\min_{f,k} J(f,k) = \min_{f,k} \gamma \| Kf - u \|_2^2 + \alpha \sum | b_1 |^{p(|\nabla c|)} + \beta \sum | b_2 | + \lambda_1 \| b_1 - \nabla k \|_2^2 + \lambda_2 \| b_2 - \nabla f \|_2^2$$

（2.13）

式中：λ_1 和 λ_2 均为正参数。迭代方案如下：

$$(k^{i+1}, f^{i+1}, b_1^{i+1}, b_2^{i+1}) = \arg \min_{k,f,b_1,b_2} \gamma \| Kf - u \|_2^2 + \alpha \sum | b_1 |^{p(|\nabla c|)}$$

$$+ \beta \sum | b_2 | + \lambda_1 \| b_1 - \nabla k - t_1^i \|_2^2 + \lambda_2 \| b_2 - \nabla f - t_2^i \|_2^2 \quad （2.14）$$

$$t_1^{i+1} = t_1^i + \nabla k^{i+1} - b_1^{i+1} \quad （2.15）$$

$$t_2^{i+1} = t_2^i + \nabla f^{i+1} - b_2^{i+1} \quad （2.16）$$

利用交替最小化算法，联合最小化方程（2.14）可以通过解耦成几个子问题的方法来解决。

（1）计算子问题 k 时，b_1，t_1 和 f 均取固定值

$$k^{i+1} = \arg \min_k \gamma \| F^i k - u \|_2^2 + \lambda_1 \| b_1^i - \nabla k - t_1^i \|_2^2 \quad （2.17）$$

式中：F^i 是一个块循环矩阵，该循环矩阵由图像 f^i 构成的循环块组成。最优 k^{i+1} 满足条件：

$$\gamma (F^i)^T (F^i k^{i+1} - u) - \lambda_1 \Delta k^{i+1} + \mathrm{div}(b_1^i - t_1^i) = 0 \quad （2.18）$$

式中：T 表示共轭算子；Δ 表示拉普拉斯算子；div 表示散度算子。方程式（2.18）可以用快速傅里叶变换（FFT）有效地计算。

$$k^{i+1} = \mathrm{FFT}^{-1} \left(\frac{\mathrm{FFT}\left((F^i)^T u - \dfrac{\lambda_1}{\gamma} \mathrm{div}(b_1^i - t_1^i) \right)}{\mathrm{FFT}\left((F^i)^T F^i - \dfrac{\lambda_1}{\gamma} \Delta \right)} \right) \quad （2.19）$$

通过添加一些约束条件以获得模型（2.11）的合理解决方案。应当注意的是，真正的 PSF 的支持域大小通常是未知的，设置的 D 的初始支持域的大小不能低于真正的 PSF 的支持域的大小。

（2）计算子问题 $\boldsymbol{b}_1$ 时，$\boldsymbol{k}^{i+1}$，$\boldsymbol{t}_1$ 和 $\boldsymbol{f}$ 取固定值

$$\boldsymbol{b}_1^{i+1} = \underset{\boldsymbol{b}_1}{\arg\min}\, \alpha \sum |\boldsymbol{b}_1|^{p(|\nabla c|)} + \lambda_1 \|\boldsymbol{b}_1 - \nabla \boldsymbol{k}^{i+1} - \boldsymbol{t}_1^i\|_2^2 \qquad （2.20）$$

相应地，Euler–Lagrangian 方程式系统表示为

$$\alpha p(|\nabla c|)|\boldsymbol{b}_1|^{p(|\nabla c|)-\frac{1}{2}}\boldsymbol{b}_1 + 2\lambda_1(\boldsymbol{b}_1 - \nabla \boldsymbol{k}^{i+1} - \boldsymbol{t}_1^i) = 0 \qquad （2.21）$$

令 $\boldsymbol{b}_1 = (b_{11}, b_{12})$、$\boldsymbol{t}_1 = (t_{11}, t_{12})$，则公式（2.21）变成：

$$\begin{cases} (a + 2\lambda_1)b_{11} - 2\lambda_1 k_x^{i+1} - 2\lambda_1 t_{11}^i = 0 \\ (a + 2\lambda_1)b_{12} - 2\lambda_1 k_y^{i+1} - 2\lambda_1 t_{12}^i = 0 \end{cases} \qquad （2.22）$$

式中：

$$a = \alpha p(|\nabla c|)(b_{11}^2 + b_{12}^2)^{\frac{p(|\nabla c|)}{2}-1} \qquad （2.23）$$

至此仍然没有完全解决问题，下面我们介绍了求解公式（2.22）数值解的两种方法。

牛顿法：通过牛顿法的几个步骤可以得到数值解。假设 b_{11} 和 b_{12} 均不等于零，那么从公式（2.22）中我们可以推导出如下公式：

$$b_{11} = \frac{k_x^{i+1} + t_{11}^i}{k_y^{i+1} + t_{12}^i} b_{12}$$

用牛顿法求解方程式（2.22）中 b_{11} 的算法如表 2.1 所示。

表 2.1　牛顿法求解

算法 2.1　牛顿法	
若未收敛 $b_{11}^{j+1} = \text{sign}(k_x^{i+1} + t_{11}^i)\max\left\{ b_{11}^j - \dfrac{r(b_{11}^j)^{p(\|\nabla c\|)-1} + 2\lambda_1(b_{11}^j - \|k_x^{i+1} + t_{11}^i\|)}{(p(\|\nabla c\|)-1)r(b_{11}^j)^{p(\|\nabla c\|)-2} + 2\lambda_1}, 0\right\}$ End	（2.24）

式中：

$$r = \alpha p(|\nabla c|)\left(1 + \left(\frac{k_y^{i+1} + t_{12}^i}{k_x^{i+1} + t_{11}^i}\right)^2\right)^{\frac{p(|\nabla c|)}{2}-1} \qquad （2.25）$$

查表法：使用上述的牛顿法是很耗时的。根据 D. Krishnan 等人在文献 [93] 提

出的方法，对于一个固定的 p 值，b_{11}（b_{12}）仅仅取决于 $k_x^{i+1}+t_{11}^i$（$k_y^{i+1}+t_{12}^i$）和 α/λ_1，因此我们可以很容易地将等式（2.22）的解决方法提前制成一个查找表（LUT），从而加快计算速度。我们从 p 的取值范围（1 到 2 间），取了 20 个数字制成了 20 张表格。对于每一个取样的 p 值，b_{11}（b_{12}）在数值上解决了 $k_x^{i+1}+t_{11}^i$（$k_y^{i+1}+t_{12}^i$）和 α/λ_1 在（$-1\leqslant k_x^{i+1}+t_{11}^i\leqslant 1$，$-1\leqslant k_y^{i+1}+t_{12}^i\leqslant 1$，$0\leqslant \alpha/\lambda_1\leqslant 1$）取值范围内的 10 000 种和 500 种不同取值。在计算过程中，我们首先用最接近的采样数来近似每个像元的 p，然后通过相应的离线表来求解方程式（2.22）。虽然 LUT 给出的是一个近似值，但它可以让子问题 $\boldsymbol{b}_1$ 在 $p\in(1,2]$ 的条件下很快得以求解。

（3）更新 $\boldsymbol{t}_1$

$$t_1^{i+1}=t_1^i+\nabla k^{i+1}-b_1^{i+1}\tag{2.26}$$

这种算法的主要问题是，实际上 $\boldsymbol{b}_1^{i+1}$ 是未知的。一个替代方法是使用最新的 k 来替换 d。也就是说，在第 i 次迭代中，$\boldsymbol{k}^{i+1}$ 可以替换 $\boldsymbol{b}_1^{i+1}$。

（4）计算子问题 $\boldsymbol{f}$，$\boldsymbol{b}_2$，$\boldsymbol{t}_2$ 时，$\boldsymbol{b}_1$，$\boldsymbol{t}_1$ 和 k 取固定值

将迭代最小化问题直接放到 T. Goldstein 在参考文献 [13] 中描述的框架中时，提出的求解 f 的复原算法如表 2.2 所示。

表 2.2　复原图像算法

算法 2.2　计算复原图像
若未收敛
For j = 1 to M
$$f^{i+1}=\text{FFT}^{-1}\left(\frac{\text{FFT}((\boldsymbol{K}^{i+1})^{\text{T}}\boldsymbol{u}-\dfrac{\lambda_2}{\gamma}\text{div}(\boldsymbol{b}_2^i-\boldsymbol{t}_2^i))}{\text{FFT}\left((\boldsymbol{K}^{i+1})^{\text{T}}\boldsymbol{K}^{i+1}-\dfrac{\lambda_2}{\gamma}\Delta\right)}\right)\tag{2.27}$$
$$b_2^{i+1}=\text{shrink}\left(\nabla f^{i+1}+\boldsymbol{t}_2^i,\frac{\beta}{\lambda_2}\right)\tag{2.28}$$
$$t_2^{i+1}=\boldsymbol{t}_2^i+\nabla f^{i+1}-b_2^{i+1}\tag{2.29}$$
End
End

式中：$\boldsymbol{K}^{i+1}$ 是一个块循环矩阵，由 $\boldsymbol{k}^{i+1}$ 构成的循环块组成，同时，

$$\text{shrink}(x,r)=\frac{\boldsymbol{x}}{|\boldsymbol{x}|}\max(|\boldsymbol{x}|-r,0)\tag{2.30}$$

该算法的主要优点是它不需要对 PSF 进行初始值设定，减少了对先验知识的依赖。图 2.3 展示了整体算法的全局框架。表 2.3 所示为整体算法。

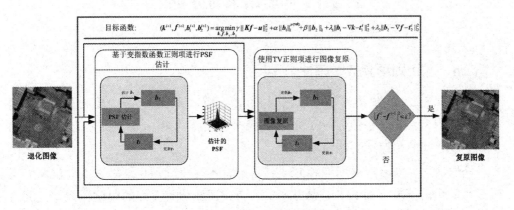

图 2.3　整体算法的全局框架

表 2.3　整体算法

算法 2.3　本章提出的整体算法

1. 初始化：$\boldsymbol{f}^0 = \boldsymbol{u}, \ i = \boldsymbol{b}_1^0 = \boldsymbol{b}_2^0 = \boldsymbol{t}_1^0 = \boldsymbol{t}_2^0 = 0$ 满足 PSF 的支持域

2. 若 $|\boldsymbol{f}^i - \boldsymbol{f}^{i-1}|^2 \leqslant \varepsilon$

3. For $j = 1, 2, \cdots$

$$\boldsymbol{k}^{i+1} = \mathrm{FFT}^{-1}\left(\frac{\mathrm{FFT}((\boldsymbol{F}^i)^\mathrm{T}\boldsymbol{u} - \frac{\lambda_1}{\gamma}\mathrm{div}(\boldsymbol{b}_1^i - \boldsymbol{t}_1^i))}{\mathrm{FFT}\left((\boldsymbol{F}^i)^\mathrm{T}\boldsymbol{F}^i - \frac{\lambda_1}{\gamma}\Delta\right)} \right);$$

对 $\boldsymbol{k}^{i+1}$ 施加变指数函数正则项约束；

使用牛顿法或者查表法计算 $\boldsymbol{b}_1^{i+1}$；

$\boldsymbol{t}_1^{i+1} = \boldsymbol{t}_1^i + \nabla\boldsymbol{k}^{i+1} - \boldsymbol{b}_1^{i+1}$

End

4. For $j = 1, 2, \cdots$

$$\boldsymbol{f}^{i+1} = \mathrm{FFT}^{-1}\left(\frac{\mathrm{FFT}((\boldsymbol{K}^{i+1})^\mathrm{T}\boldsymbol{u} - \frac{\lambda_2}{\gamma}\mathrm{div}(\boldsymbol{b}_2^i - \boldsymbol{t}_2^i))}{\mathrm{FFT}\left((\boldsymbol{K}^{i+1})^\mathrm{T}\boldsymbol{K}^{i+1} - \frac{\lambda_2}{\gamma}\Delta\right)} \right)$$

$\boldsymbol{b}_2^{i+1} = \mathrm{shrink}\left(\nabla\boldsymbol{f}^{i+1} + \boldsymbol{t}_2^i, \frac{\beta}{\lambda_2}\right)$

$\boldsymbol{t}_2^{i+1} = \boldsymbol{t}_2^i + \nabla\boldsymbol{f}^{i+1} - \boldsymbol{b}_2^{i+1}$

End

$i = i + 1$；

5. End

2.4　实验结果与分析

2.4.1　正则项参数敏感性

在公式（2.14）中有 5 个参数，即 γ，α，β，λ_1 和 λ_2。γ 控制对原始数据的权重。参数 α 和 β 分别控制 PSF 和图像平滑度。λ_1 和 λ_2 分别是控制 b_1，b_2 和 ∇k，∇f 之间的相似性的惩罚项权重。

一般而言，联合求解图像和 PSF 估值常常不能得到理想结果，或者仅仅适用于一些简单的情况，如 PSF 是脉冲函数，待复原图像是无噪的模糊图像等，因为保真度和正则化矩阵都更倾向于模糊的解。由于我们需要的是非平凡的解，所求的解应该远离那些平凡的解，以避免不必要的局部极小值。为了达到这个目的，应增大正则项的权重来避免收敛到平凡的解。

2.4.2　数字仿真实验

下面在不同的 PSF 类型和图像上测试了本章提出的算法，包括高斯、运动、圆盘退化和这些退化类型复合的 PSF。因为高分遥感图像的噪声通常不是很严重，所以在模拟实验中加入了中等水平的噪声。参数设置如表 2.4 所示。

表 2.4　模拟实验参数设置

PSF 类型	参数				
	γ	α	β	λ_1	λ_2
高斯 PSF	1	100	6.25×10^{-4}	200	1.25×10^{-3}
运动 PSF	1	10	6.25×10^{-4}	200	1.25×10^{-3}
圆盘 PSF	1	100	6.25×10^{-4}	200	1.25×10^{-3}
复合型 PSF	1	100	6.25×10^{-4}	200	1.25×10^{-3}

图 2.4 为在模拟实验中使用的两组高质量的快鸟（quick bird）卫星遥感图像的局部显示图。

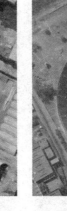

(a) 模拟测试图像一　　　　　　　　　　(b) 模拟测试图像二

图 2.4　模拟实验测试图像

图 2.5 中的（a）和（b）图是对图 2.4 中的原始图像（a）和（b）做了高斯退化后的模糊图像，被截短的高斯 PSF 标准偏差为 3，图 2.6 中的（a）和（b）图是对原始图像做运动退化后的模糊图像，运动 PSF 的长度为 7，角度为 30°，图 2.7 中的（a）和（b）图是对原始图像做圆盘退化后的模糊图像，圆盘 PSF 半径为 3。

(a) 高斯 PSF 退化图像　　　　　　　　(b) 高斯 PSF 退化图像

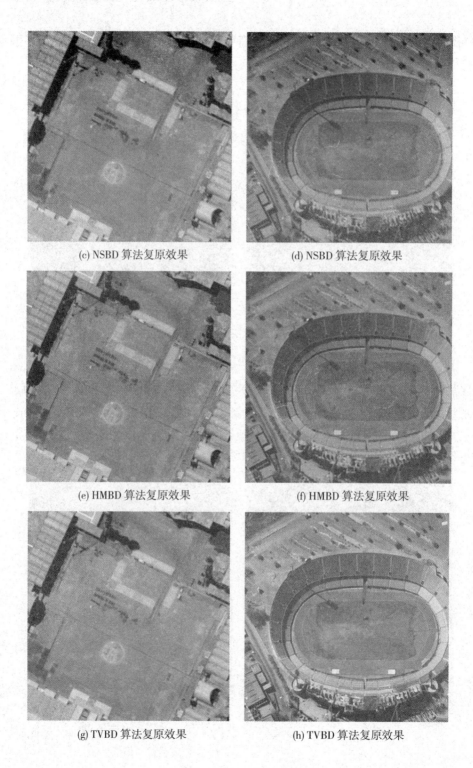

(c) NSBD 算法复原效果　　　　　(d) NSBD 算法复原效果

(e) HMBD 算法复原效果　　　　　(f) HMBD 算法复原效果

(g) TVBD 算法复原效果　　　　　(h) TVBD 算法复原效果

(i) 本章方法复原效果　　　　　　　　　　(j) 本章方法复原效果

图 2.5　高斯 PSF 退化图像及四种方法复原图像

(a) 运动 PSF 退化图像　　　　　　　　　　(b) 运动 PSF 退化图像

(c)NSBD 算法复原效果　　　　　　　　　　(d)NSBD 算法复原效果

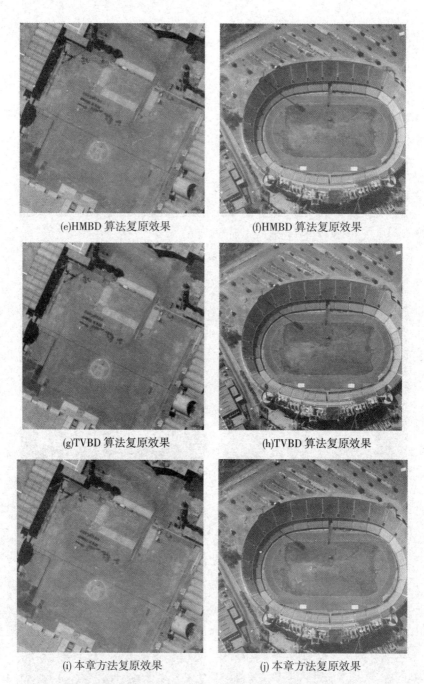

(e)HMBD 算法复原效果　　　　　　(f)HMBD 算法复原效果

(g)TVBD 算法复原效果　　　　　　(h)TVBD 算法复原效果

(i) 本章方法复原效果　　　　　　(j) 本章方法复原效果

图 2.6　运动退化图像及四种方法复原图像

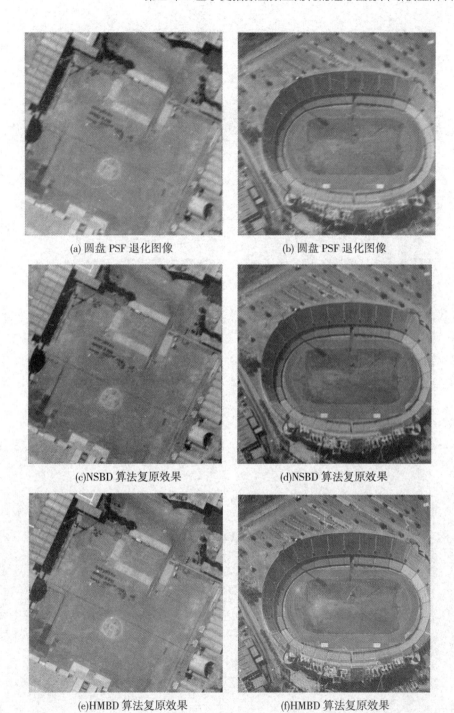

(a) 圆盘 PSF 退化图像

(b) 圆盘 PSF 退化图像

(c)NSBD 算法复原效果

(d)NSBD 算法复原效果

(e)HMBD 算法复原效果

(f)HMBD 算法复原效果

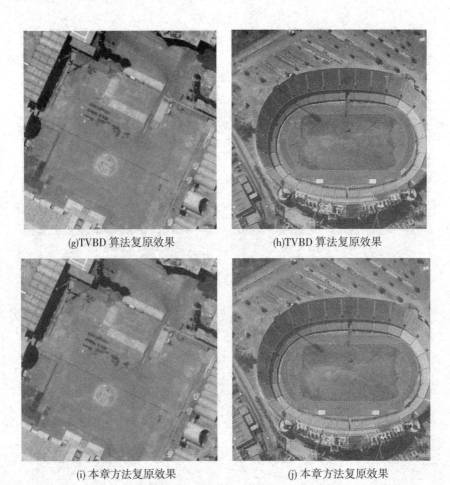

(g)TVBD 算法复原效果　　　　　　　　(h)TVBD 算法复原效果

(i) 本章方法复原效果　　　　　　　　(j) 本章方法复原效果

图 2.7　圆盘退化图像及四种方法复原图像

图 2.8 ～图 2.10 中的 (a) 和 (b) 图分别是由高斯 – 运动、高斯 – 圆盘和高斯 –
圆盘 – 运动三种复合型的 PSF 对原始图像退化得到的。

(a) 高斯－运动复合 PSF 退化图像

(b) 高斯－运动复合 PSF 退化图像

(c)NSBD 算法复原效果

(d)NSBD 算法复原效果

(e)HMBD 算法复原效果

(f)HMBD 算法复原效果

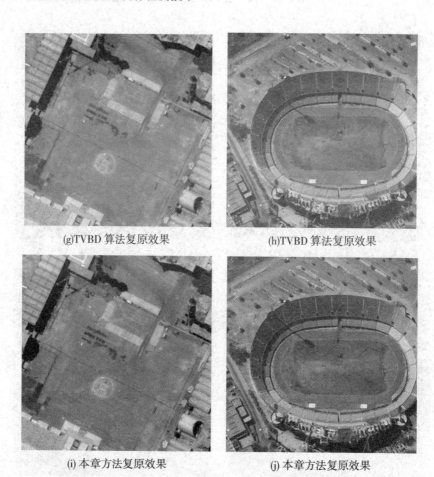

(g)TVBD 算法复原效果   (h)TVBD 算法复原效果

(i) 本章方法复原效果   (j) 本章方法复原效果

图 2.8　高斯 – 运动退化图像及四种方法复原图像

(a) 高斯 – 圆盘复合 PSF 退化图像   (b) 高斯 – 圆盘复合 PSF 退化图像

(c)NSBD 算法复原效果

(d)NSBD 算法复原效果

(e)HMBD 算法复原效果

(f)HMBD 算法复原效果

(g)TVBD 算法复原效果

(h)TVBD 算法复原效果

(i) 本章方法复原效果   (j) 本章方法复原效果

图 2.9　高斯 – 圆盘退化图像及四种方法复原图像

(a) 高斯 – 圆盘 – 运动复合 PSF 退化图像   (b) 高斯 – 圆盘 – 运动复合 PSF 退化图像

(c)NSBD 算法复原效果   (d)NSBD 算法复原效果

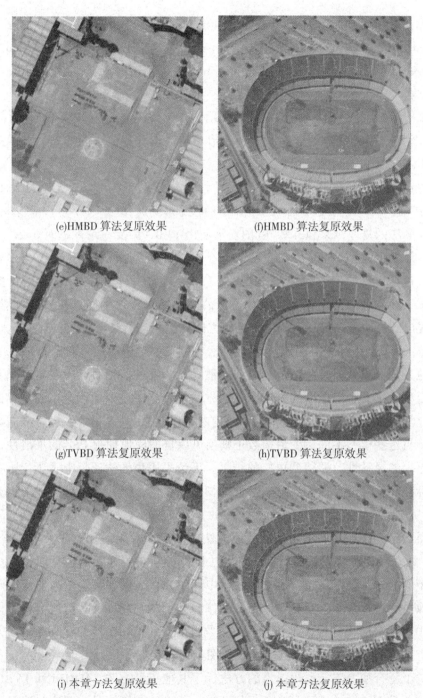

(e)HMBD 算法复原效果   (f)HMBD 算法复原效果

(g)TVBD 算法复原效果   (h)TVBD 算法复原效果

(i) 本章方法复原效果   (j) 本章方法复原效果

图 2.10 高斯－圆盘－运动退化图像及四种方法复原图像

所有模糊图像都加了方差为 0.001 的高斯白噪声，我们对比了 NSBD（normalized sparsity measure blind deblurring）[158]、HMBD（huber–markov blind deblurring）[77] 和 TVBD（total variation blind deblurring）[87] 等三种性能较好的盲复原方法。

在所有的实验中，HMBD 和 TVBD 使用高斯函数作为 PSF 的初始值，而 NSBD 是用水平运动模糊作为 PSF 初始值。与这三种算法不同的是，本章提出的算法不需要 PSF 初始值。

本章对所有方法进行了多次实验统计了最佳结果，在图 2.5 ～图 2.10 的所有图中的 (c) 和 (d) 图都表示使用 NSBD 算法的复原结果，(e) 和 (f) 图表示使用 HMBD 算法的复原结果，(g) 和 (h) 图表示使用 TVBD 的复原结果，而 (i) 和 (j) 图表示本章算法的复原结果。表 2.5 总结了不同方法下复原图像的 PSNR、SSIM 和 Q 度量，包括提到的牛顿法和查表法以及 PSF 类型。总体来说，NSBD 的性能在多数情况下相对要差点，而其他三种方法的复原结果相对更好。在大多数情况下，本章提出的算法可以与现有的三种最优秀的方法相当，甚至更优。对于高斯 PSF，本章方法（PSNR 和 SSIM）可与其他方法相媲美。对于运动和圆盘的 PSF，TVBD 比其他方法更出色。这些结果和之前的估计是一样的。然而在大多数情况下，对于复合型 PSF，本章提出的方法比其他方法都要好。主要原因是，与之前的 PSF 相比，复合型 PSF 具有新的特性，并且在梯度域中也并不稀疏，也不遵循纯高斯分布。与这些模型不同，变量指数正则项可以自适应地捕捉 PSF 的平滑性，从而提供更大的灵活性，并得到更好的结果。无论采用牛顿法还是查表法，所有的评价指标都非常接近。然而，查表法比牛顿法快 3 倍，因此在工程实践中查表法是首选。

图 2.5 ～图 2.10 展示了不同复原方法的结果的效果对比。在大多数情况下，NSBD 的效果相对较差，而其他三种方法则能够获得更显著的视觉改进。对于单个类型的 PSF，即在高斯、运动和圆盘中，HMBD 在模拟实验中需要使用硬阈值对图像边缘进行分类。这些硬阈值主要来自之前的 HMRF，这可能会将图像中的一些中等水平的边缘错误地用于纹理。与此相反，TVBD 和本章所提出的方法几乎没有这样的情况出现，并且复原后的图像比较相似。

对于复合型 PSF，本章提出的方法优于其他三种方法。HMDB 和 TVBD 出现了波纹（见图 2.10）或马赛克（见图 2.8 ～图 2.10）的情况，而这些情况很少出现在本章提出的方法中。由于负变量指数函数正则项比 Tikhonov 和 TV 正则项更灵活,因此本章所提出的方法可以恢复更精确的 PSF,从而减少恢复图像时错误地将中等水平的边缘用于纹理的现象。

图 2.11 展示了用于不同退化类型的 PSF 的 PSNR 柱状图。本章提出的方法在复合 PSF 中获得了最高的 PSNR,也就是说,使用本章提出的方法恢复 PSF 是最接近真实值的。

表 2.5　模拟实验不同方法的 PSNR、SSIM 和 Q 度量统计值

图　像	评价指标	PSF类型	退化图像	NSBD	HMBD	TVBD	本章方法(牛顿法)	本章方法(查表法)
图 2.4(a)	PSNR	高斯	39.851 3	40.151 5	44.523 9	46.136 8	46.625 0	46.624 8
	SSIM		0.959 5	0.962 8	0.993 3	0.992 1	0.995 1	0.995 1
	Q		0.071 4	0.062 0	0.076 9	0.084 4	0.082 3	0.082 3
	PSNR	运动	39.540 4	42.313 2	45.349 2	46.225 6	46.178 5	46.176 7
	SSIM		0.951 2	0.985 6	0.992 4	0.992 7	0.992 7	0.992 6
	Q		0.068 5	0.071 2	0.073 4	0.086 2	0.086 1	0.086 1
	PSNR	圆盘	39.816 3	40.001 1	41.327 4	44.241 7	44.134 4	44.132 6
	SSIM		0.923 9	0.954 6	0.985 8	0.993 2	0.992 4	0.992 3
	Q		0.069v9	0.074 4	0.082 2	0.092 3	0.111 1	0.111 1
	PSNR	高斯 - 运动	35.563 0	39.371 2	44.804 1	43.334 1	46.718 1	46.717 4
	SSIM		0.956 6	0.940 9	0.993 2	0.992 1	0.993 3	0.993 2
	Q		0.072 8	0.066 5	0.069 1	0.082 7	0.085 2	0.085 1
	PSNR	高斯 - 圆盘	36.877 6	38.064 4	42.564 2	42.687 2	43.302 2	43.300 9
	SSIM		0.954 8	0.962 3	0.988 0	0.990 2	0.993 4	0.993 4
	Q		0.071 9	0.079 8	0.081 1	0.082 1	0.085 1	0.085 1

续 表

图 像	评价指标	PSF类型	退化图像	NSBD	HMBD	TVBD	本章方法（牛顿法）	本章方法（查表法）
	PSNR	高斯－运动－圆盘	36.720 7	39.982 2	46.054 3	45.109 2	46.704 0	46.704 0
	SSIM		0.952 9	0.961 2	0.991 2	0.990 5	0.993 5	0.993 5
	Q		0.071 0	0.055 5	0.075 3	0.086 3	0.087 5	0.087 4
图 2.4（b）	PSNR	高斯	40.579 0	40.726 2	44.369 1	45.582 4	45.846 9	45.845 9
	SSIM		0.918 5	0.919 6	0.979 8	0.988 7	0.989 7	0.989 6
	Q		0.077 7	0.104 6	0.093 5	0.104 8	0.106 1	0.106 1
	PSNR	运动	40.502 5	40.031 1	41.855 9	45.455 9	45.347 5	45.346 2
	SSIM		0.892 5	0.876 6	0.940 8	0.979 7	0.979 1	0.978 9
	Q		0.082 6	0.078 6	0.090 8	0.112 6	0.112 6	0.112 4
	PSNR	圆盘	40.525 7	41.180 7	44.001 7	45.861 0	45.071 4	45.070 7
	SSIM		0.915 3	0.924 3	0.974 1	0.987 2	0.983 1	0.983 1
	Q		0.075 5	0.110 0	0.117 5	0.116 1	0.120 5	0.120 4
	PSNR	高斯－运动	31.363 5	38.765 7	41.168 6	37.491 8	43.457 1	43.456 2
	SSIM		0.888 8	0.972 3	0.976 8	0.970 5	0.980 2	0.980 1
	Q		0.096 7	0.100 2	0.103 1	0.102 5	0.104 6	0.104 5
	PSNR	高斯－圆盘	31.287 6	33.963 0	44.098 1	43.024 2	44.265 6	44.264 8
	SSIM		0.887 3	0.943 6	0.978 9	0.977v0	0.977 6	0.977 4

图 像	评价指标	PSF类型	退化图像	NSBD	HMBD	TVBD	本章方法（牛顿法）	本章方法（查表法）
	Q		0.091 5	0.096 4	0.097 4	0.106 1	0.107 8	0.107 8
	PSNR	高斯－运动－圆盘	31.280 2	38.264 9	42.400 7	43.123 6	44.034 9	44.033 8
	SSIM		0.883 1	0.934 6	0.977 9	0.981 3	0.982 2	0.982 2
	Q		0.089 0	0.098 9	0.095 6	0.108 3	0.109 6	0.109 5

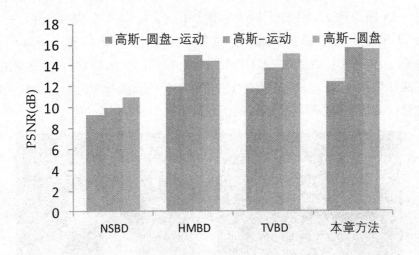

图 2.11 不同的 PSF 的 PSNR 柱状图

表 2.6 展示了所有算法的运行时间。与当前最高水平的方法相比，本章提出的查表法具有很强的竞争力。

表2.6　五种不同算法的运行时间（s）

图像尺寸	NSBD	HMBD	TVBD	本章算法 （牛顿法）	本章算法 （查表法）
512×512	20.87	183.26	24.77	75.65	24.81

2.4.3　遥感图像实验

本小节测试了6幅真实的全色波段图像，其中两幅来自"资源 −3A"卫星（ZY−3A）正视相机 [见图 2.12（a）、（c）]，为方便后续说明将两图分别称为"安平正视"和"肇东正视"。[94] 还有两幅来自 ZY−3A 卫星前视相机 [见图 2.12(e)、（g）]，称为"安平前视"和"肇东前视"。其他两幅 [见图 2.12（i）、（k）] 来自"高分四号"（GF−4）卫星可见光相机，分别称为"珠江口"和"海南岛"。四幅 ZY−3A 图像图 2.12（a）、（c）和图 2.12（e），（g）分别在 2012 年 2 月 18日和 2013 年 9 月 13 日捕获于河北省安平县和黑龙江省肇东市，GF−4 的两幅测试图像图 2.12（i）和图 2.12（k）分别在 2017 年 1 月 26 日和 2017 年 8 月 20 日捕获于珠江口和海南岛。考虑到所有的原始全色图像画面很大，这里只选取包含了校准目标或其他代表性特征的区域进行展示。

（a）安平正视复原前图像　　　　　　　　（b）局部放大图

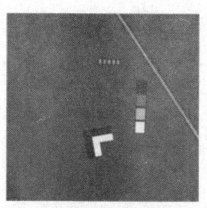

（c）肇东正视复原前图像

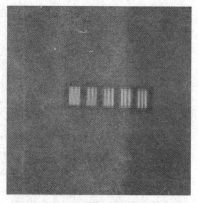

（d）局部放大图

（e）安平前视复原前图像

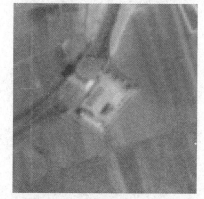

（f）局部放大图

（g）肇东前视复原前图像

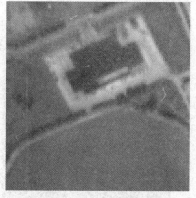

（h）局部放大图

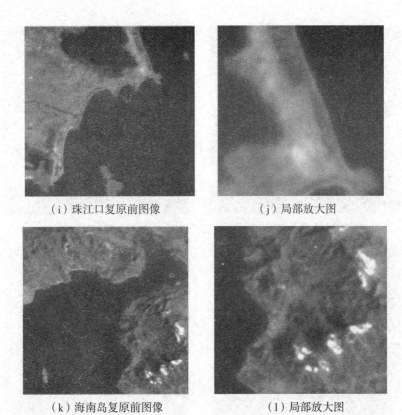

（i）珠江口复原前图像　　　　　（j）局部放大图

（k）海南岛复原前图像　　　　　（l）局部放大图

图 2.12　待复原的 ZY-3A 和 GF-4 卫星图像及局部放大图

图 2.12 中的（a）、（c）、（e）、（g）、（i）、（k）图像即为待处理的原始图像，（b）、（d）、（f）、（h）、（j）、（l）分别是其对应的具有代表性特征区域的局部放大图（图 2.13 ～图 2.18 排列方式与此类似）。

（a）NSBD 算法复原效果　　　　　（b）局部放大图

（c）HMBD 算法复原效果　　　　　（d）局部放大图

（e）TVBD 算法复原效果　　　　　（f）局部放大图

（g）本章算法复原效果　　　　　（h）局部放大图

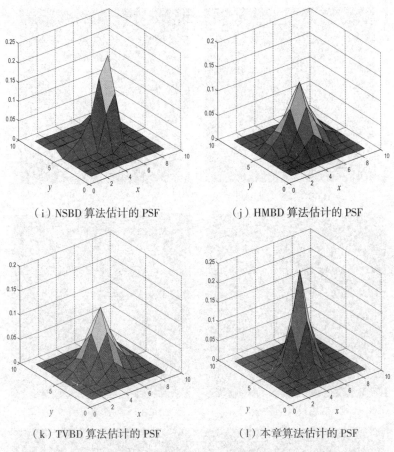

（i）NSBD 算法估计的 PSF　　　　　　（j）HMBD 算法估计的 PSF

（k）TVBD 算法估计的 PSF　　　　　　（l）本章算法估计的 PSF

图 2.13　"安平正视"图像四种方法的复原效果及估计的 PSF

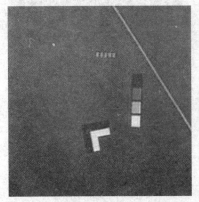

（a）NSBD 算法复原效果　　　　　　（b）局部放大图

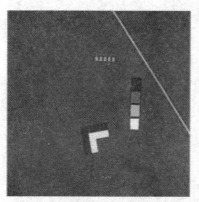

（c）HMBD 算法复原效果　　　　　　　（d）局部放大图

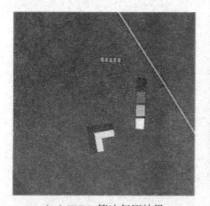

（e）TVBD 算法复原效果　　　　　　　（f）局部放大图

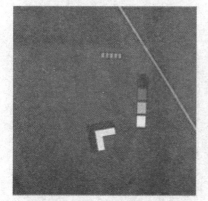

（g）本章算法复原效果　　　　　　　（h）局部放大图

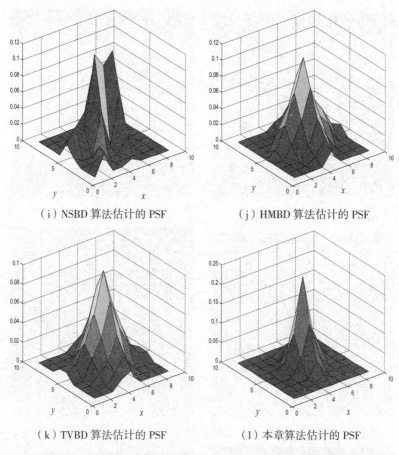

（i）NSBD 算法估计的 PSF　　　　　　（j）HMBD 算法估计的 PSF

（k）TVBD 算法估计的 PSF　　　　　　（l）本章算法估计的 PSF

图 2.14　"肇东正视" 图像四种方法的复原效果及估计的 PSF

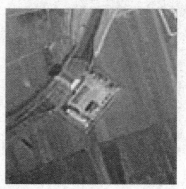

（a）NSBD 算法复原效果　　　　　　（b）局部放大图

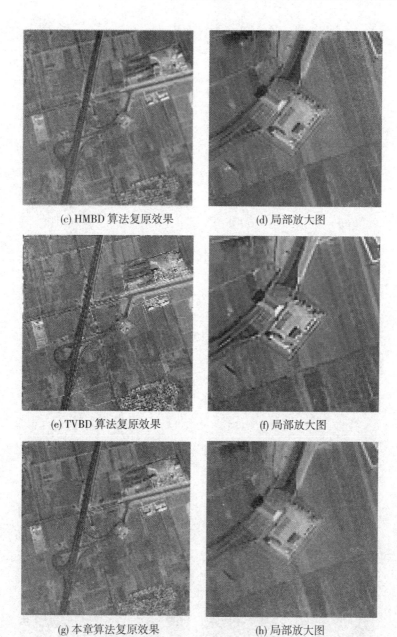

(c) HMBD 算法复原效果　　　　　　　(d) 局部放大图

(e) TVBD 算法复原效果　　　　　　　(f) 局部放大图

(g) 本章算法复原效果　　　　　　　(h) 局部放大图

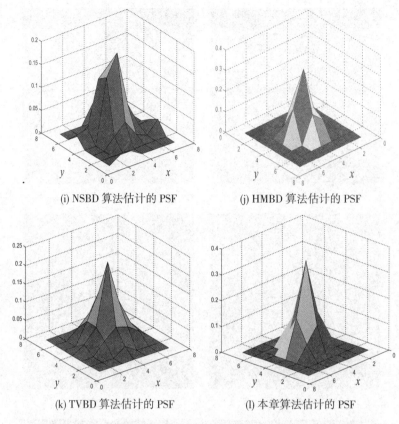

(i) NSBD 算法估计的 PSF   (j) HMBD 算法估计的 PSF

(k) TVBD 算法估计的 PSF   (l) 本章算法估计的 PSF

图 2.15　"安平前视"图像四种方法的复原效果及估计的 PSF

(a) NSBD 算法复原效果   (b) 局部放大图

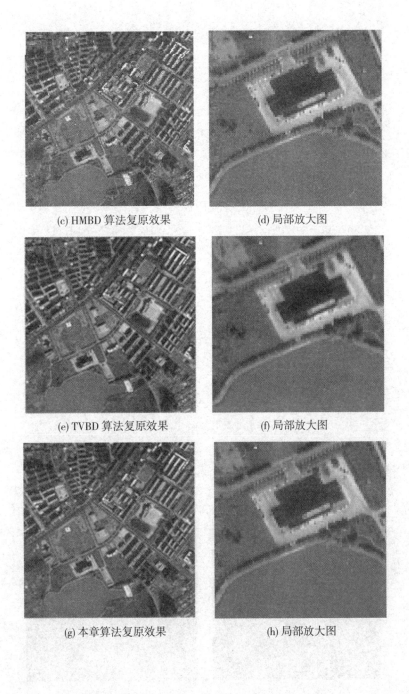

(c) HMBD 算法复原效果　　　　　(d) 局部放大图

(e) TVBD 算法复原效果　　　　　(f) 局部放大图

(g) 本章算法复原效果　　　　　(h) 局部放大图

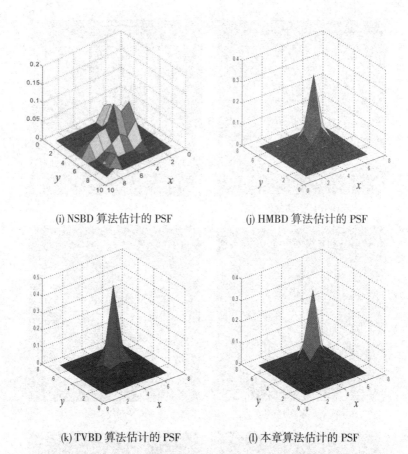

(i) NSBD 算法估计的 PSF   (j) HMBD 算法估计的 PSF

(k) TVBD 算法估计的 PSF   (l) 本章算法估计的 PSF

图 2.16　"肇东前视"图像四种方法的复原效果及估计的 PSF

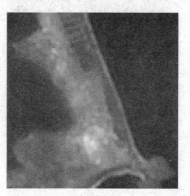

(a) NSBD 算法复原效果   (b) 局部放大图

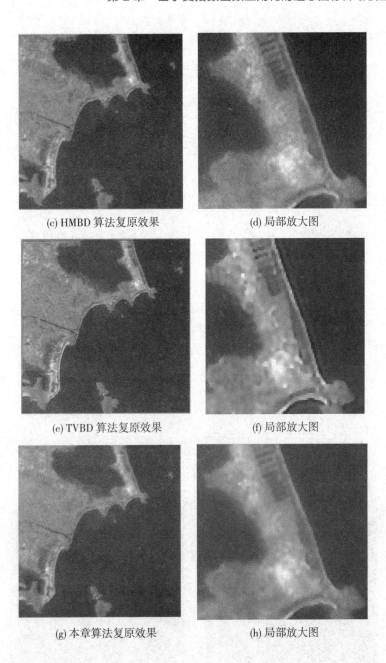

(c) HMBD 算法复原效果　　　　　　(d) 局部放大图

(e) TVBD 算法复原效果　　　　　　(f) 局部放大图

(g) 本章算法复原效果　　　　　　(h) 局部放大图

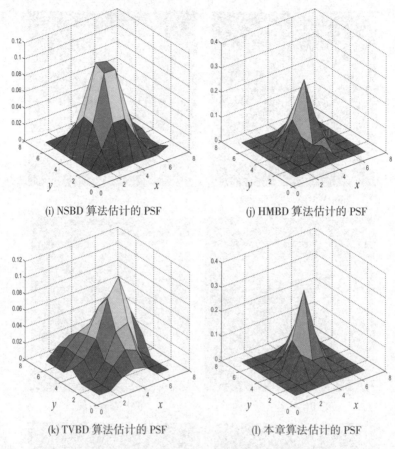

(i) NSBD 算法估计的 PSF　　　　　(j) HMBD 算法估计的 PSF

(k) TVBD 算法估计的 PSF　　　　　(l) 本章算法估计的 PSF

图 2.17　"珠江口"图像四种方法的复原效果及估计的 PSF

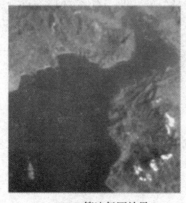

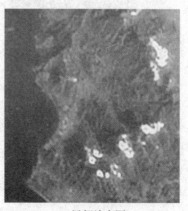

(a) NSBD 算法复原效果　　　　　(b) 局部放大图

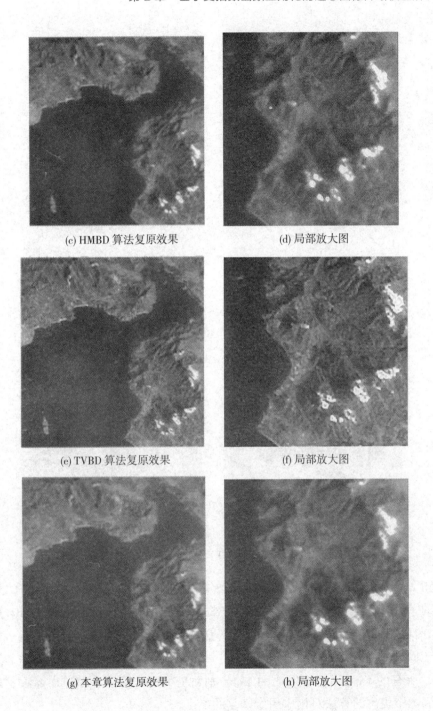

(c) HMBD 算法复原效果　　　　　　　　(d) 局部放大图

(e) TVBD 算法复原效果　　　　　　　　(f) 局部放大图

(g) 本章算法复原效果　　　　　　　　(h) 局部放大图

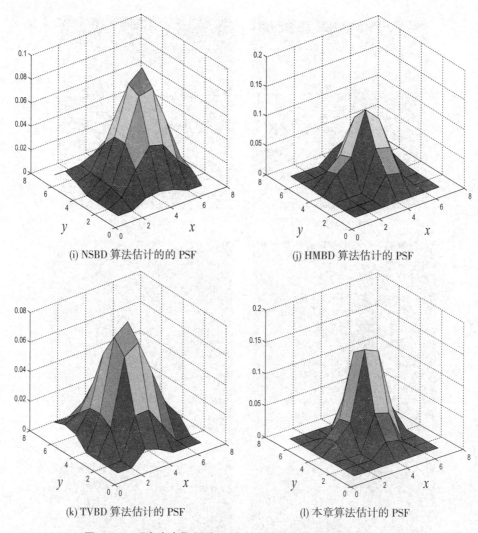

(i) NSBD 算法估计的的 PSF　　　　　(j) HMBD 算法估计的 PSF

(k) TVBD 算法估计的 PSF　　　　　(l) 本章算法估计的 PSF

图 2.18　"海南岛"图像四种方法的复原效果及估计的 PSF

图 2.13 ～图 2.18 展示了复原后的图像和估计的 PSF。在图 2.13 ～图 2.18 中所有的图（a）、（c）、（e）、（g）分别是对应于图 2.12 的原始图像使用 NSBD 算法、HMBD 算法、TVBD 算法和本章提出的算法的复原效果，而所有的图（b）、（d）、（f）、（h）分别是对应的图（a）、（c）、（e）、（g）具有代表性特征区域的局部放大图，所有的（i）、（j）、（k）、（l）分别对应 NSBD 算法、HMBD 算法、TVBD 算法和本章提出的算法对相应图像恢复的 PSF。

由图 2.13 ～ 2.18 可以看出，所有的方法都改善了原始图像的视觉质量。然而，复原图像中放大的部分显示，本章提出的方法与其他三种方法相比，在校正目标和具有代表性的特征上产生的模糊和噪声更少。估计的 PSF 显示出星载相机退化模型不是单纯的高斯退化，在 PSF 形态上与高斯 – 圆盘复合型的 PSF 更相似。

我们对不同 PSF 类型的迭代过程中的 PSNR、SSIM 和 Q 度量的变化规律曲线做了统计，为了方便起见，将统计量做归一化处理。图 2.19 中的 (a)、(b)、(c)、(d)、(e) 和 (f) 图分别表示 PSF 类型为高斯、运动、圆盘、高斯 – 运动、高斯 – 圆盘和高斯 – 运动 – 圆盘时的 PSNR、SSIM 和 Q 度量在迭代过程中的变化情况，可以看到所有指标均在 15 次迭代中收敛，这也表明了本章所提出算法的可靠性。

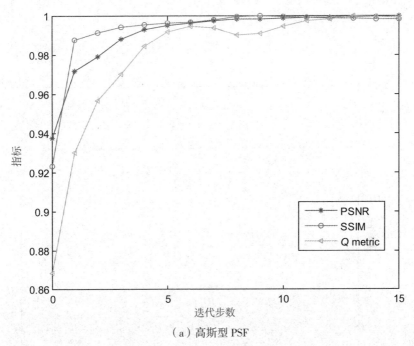

（a）高斯型 PSF

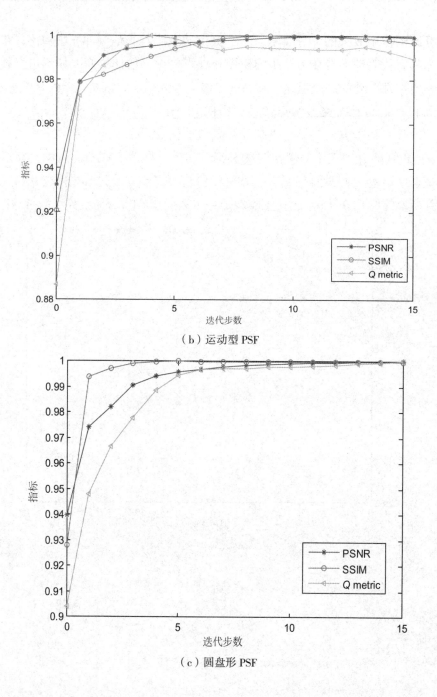

（b）运动型 PSF

（c）圆盘形 PSF

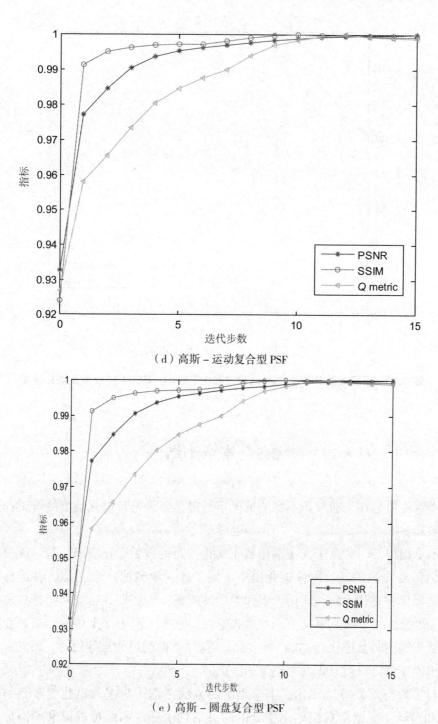

（d）高斯 – 运动复合型 PSF

（e）高斯 – 圆盘复合型 PSF

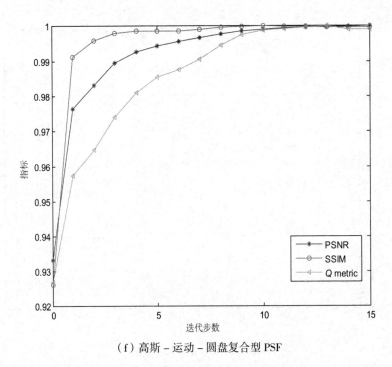

（f）高斯 – 运动 – 圆盘复合型 PSF

图 2.19　不同类型 PSF 的估计迭代过程中 PSNR、SSIM 和 Q 度量变化情况

2.5　本章小结

本章主要是在先验知识不足的情况下对遥感图像进行退化模型的辨识和盲复原的处理。

本章提出了一种基于变指数函数正则化的新的盲去卷积模型。与目前很多的盲复原需要先验的遥感图像退化模型不同，这一模型的一个主要优点是它从单张退化图像中估计 PSF，适用于多种类型的降晰，如高斯、运动、圆盘和复合型 PSF 等，通用性更好。事实上，如果我们在 p 中加入 $t=0$ 这个条件，那么变量指数函数正则项将会退化到 Tikhonov 规则，这与上面的模型是等价的。因此，本章所提出的模型可以被看作现有模型的泛化。

与多数盲复原算法相比，本章提出的方法考虑了更多的退化因素，如焦点透镜和运动。变量指数正则化使 PSF 的灵活性更强，因此可以更准确地估计复合 PSF。对于模拟实验中的简单 PSF，即高斯、圆盘和运动 PSF，本章所提出的方法与其他的盲复原方法 [16, 95] 相比在各个指标上都具有优势。对于复合型 PSF，即高斯 – 运动、高斯 – 圆盘和高斯 – 圆盘 – 运动的 PSF，我们所提出的方法在视觉和定量评价中都优于其他方法，从而验证了所提出模型的有效性。采用 ZY–3A 和 GF–4 全色波段影像的真实数据反映了所提出的模型的良好性能，进一步验证了所提出模型的有效性。

　　虽然大多数现有的遥感图像盲复原算法非常依赖于 PSF 初始估计值，PSF 的初始值就很大程度地限定了对图像的 PSF 估计，但本章提出的算法并不依赖于 PSF 的初始值。虽然本章提出的算法在求解时设定了 PSF 的初始值，但引入的变指数函数正则项会自适应地修正估计的 PSF 而不依赖于初始值，因此具有更强的实用性。

第3章 基于光滑－增强先验的图像快速盲复原术

3.1 引　言

由于图像盲复原是一个高度病态的问题，因此寻找能够精确描述清晰图像特点的先验知识成为盲复原的难点，同时，盲复原算法的复杂度往往也是另一个需要考虑的因素。现有最好的算法大多基于局部图像滑窗的先验，如暗通道先验、极限通道先验等。然而，局部图像滑窗的先验需要计算大量重复的像元，算法复杂度较高，运行较慢，无法满足快速处理模糊图像的需求。

针对这一问题，本章提出光滑－增强先验来对清晰图像进行建模。光滑－增强先验受到了如下事实的启发：表现优秀的盲复原算法在恢复清晰图像的过程中都显性或隐性地生成非自然清晰图像，与真实的清晰图像相比，非自然清晰图像去除了细小的纹理信息并保留了显著的边缘。这些显著的边缘信息在估计点扩散函数时发挥了至关重要的作用。受此事实启发，本章提出光滑－增强先验来对非自然清晰图像进行建模。本章提出的先验不仅保留了显著的边缘信息，还对这些显著的边缘信息进行了增强。为了高效求解所提出的模型，推导了基于次半分裂法与滞后不动点方法的快速迭代算法。大量的实验表明，本章提出的算法能够取得与基于局部图像滑窗先验的算法相当的结果，但计算时间仅为当前最优算法的十分之一。

本章内容安排如下：首先介绍光滑－增强先验，然后介绍基于光滑－增强先验的盲复原算法和快速迭代算法，最后对本章所提出的算法进行验证与分析。

3.2　光滑－增强先验模型

令 f，k，u 和 n 分别为模糊图像、点扩散函数、清晰图像和噪声，如前所述，对于为空间不变模糊的降晰过程可以写成如下形式：

$$f = k * u + n \tag{3.1}$$

式中：* 为卷积算子。由于在真实场景中只有 f 是已知的，因此需要从 f 中同时估计 u 和 k。显然，这个问题是一个高度病态问题，需要引入关于清晰图像与点扩散函数的先验知识来使问题可解。近年来的研究聚焦在提出能够描述清晰图片特点的先验上。尽管这些先验的形式多种多样，它们都有一个共同特点：在迭代求解过程中，这些先验会生成一系列非自然清晰图像。如图 3.1 所示，生成的非自然清晰图像与真实的清晰图像相比有着鲜明的特点：非自然清晰图像消除了纹理细节并保留了显著边缘。这些显著边缘对于点扩散函数估计至关重要。然而，大部分先验仅仅保留了显著边缘，它们没有对这些边缘进行增强。例如，Shan[97] 等人使用较强的光滑系数来消除细节纹理区域，使用较弱的光滑系数来尽量保持显著边缘。归一化稀疏先验采用类似的策略来保持显著边缘，它使用图像梯度 α 范数的倒数作为参考，由于显著边缘梯度的 α 范数的倒数较小，因此对应的光滑效应就会减弱，以此来保持显著边缘。L_0 梯度范数先验在去除图像的细节信息的同时保持了显著边缘的梯度不变。暗通道先验可以有效区分清晰图像与模糊图像，但是它并不直接影响潜在清晰图像的边缘，因此如图 3.1 所示，它可能增强细小纹理细节并增加错误的边缘。虽然以上方法在迭代中均保持了显著边缘，但非自然清晰图像的显著边缘依然不如真实图像锐利。

从上述的观察中可以得到如下启发：如果算法在迭代过程中对非自然清晰图像的显著边缘进行增强，那么这些被增强的显著边缘会大大地降低点扩散函数的估计难度。因此，本章提出光滑 – 增强先验来对非自然清晰图像的显著边缘进行增强。给定输入图像，光滑 – 增强先验为

$$\varphi(D) = \int \frac{D(x,y)}{D^2(x,y) + \varepsilon} \mathrm{d}x\mathrm{d}y \tag{3.2}$$

式中：

$$D(x,y) = \sqrt{u_x^2(x,y) + u_y^2(x,y)} \tag{3.3}$$

u_x 和 u_y 分别为 u 在 x 和 y 方向的偏导数；ε 为一个常数。

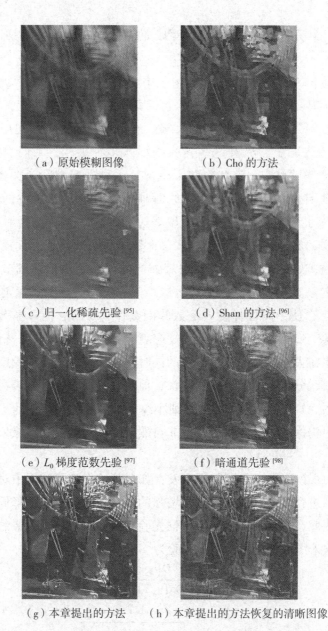

（a）原始模糊图像　　　　　（b）Cho 的方法

（c）归一化稀疏先验 [95]　　　　（d）Shan 的方法 [96]

（e）L_0 梯度范数先验 [97]　　　　（f）暗通道先验 [98]

（g）本章提出的方法　　（h）本章提出的方法恢复的清晰图像

图 3.1　不同盲复原算法在迭代中产生的非自然清晰图像

　　与已有先验相比，光滑－增强先验有着不同的性质。如图 3.2 所示，不同先验损失函数在图像的梯度模 $D(x,y)$ 小于某个阈值时，$\varphi(D)$ 随着 $D(x,y)$ 的减小而减小，最小化 $\varphi(D)$ 会使 D 接近于 0，$D(x,y)=0$ 意味着图像的细小纹理被移除；当梯度模 $D(x,y)$ 大于某个阈值时，$\varphi(D)$ 随着 $D(x,y)$ 的减小而增大，最小

化 $\varphi(D)$ 会使 D 变大，这意味着显著边缘被增强。由于这个特点，光滑 – 增强先验可以同时去除细小纹理并增强显著边缘。图 3.3 展示了当 $\varepsilon \subseteq \{10^{-1}, 10^{-2}, 10^{-3}\}$ 时 φ 的形状。从图中可以看出，ε 越小，φ 的形状越陡峭，增强效应越明显。

作为参考对比，全变差 TV 正则项也是一种经典的保持显著边缘的正则项，各向同性 TV 的表达形式为

$$\mathrm{TV}(\boldsymbol{u}) = D(x, y)\mathrm{d}x\mathrm{d}y \tag{3.4}$$

为了简化，本章使用 D 表示 $D(x, y)$。由于梯度流可以反映正则项的扩散特性，因此可以通过推导 TV 的梯度流表达式来推测正则项的性质。

首先，给 $\boldsymbol{u}$ 一个微小的扰动 $\lambda\delta\boldsymbol{u}$，扰动满足边界条件 $\delta\boldsymbol{u}|_{\partial\Omega} = 0$，则 TV 的 Gateaux 微分表达式为

$$\delta\mathrm{TV} = \int \left\{ \frac{\mathrm{d}}{\mathrm{d}\lambda}\left(\sqrt{\left(\boldsymbol{u}_x + \lambda\delta\boldsymbol{u}_x\right)^2 + \left(\boldsymbol{u}_y + \lambda\delta\boldsymbol{u}_y\right)^2} \right)\mathrm{d}x\mathrm{d}y \right\}$$

$$= \int \frac{\boldsymbol{u}_x\delta\boldsymbol{u}_x + \boldsymbol{u}_y\delta\boldsymbol{u}_y}{\sqrt{\boldsymbol{u}_x^2 + \boldsymbol{u}_y^2}}\mathrm{d}x\mathrm{d}y = \int \frac{\nabla\boldsymbol{u} \cdot \nabla\delta\boldsymbol{u}}{D}\mathrm{d}x\mathrm{d}y \tag{3.5}$$

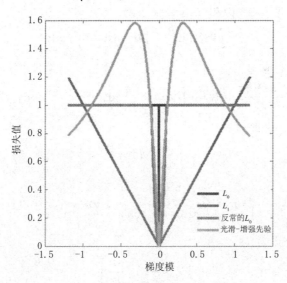

图 3.2　不同先验损失的形状

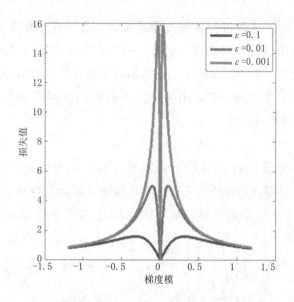

图 3.3 基于不同 ε 的光滑 – 增强先验损失形状

式中：∇ 为梯度算子，$\cdot$ 为内积。由格林公式

$$\int_{\Omega} v \cdot \nabla u \mathrm{d}x = -\int_{\Omega} u \nabla \cdot v \mathrm{d}x + \int_{\partial\Omega} vu \mathrm{d}s \tag{3.6}$$

可得

$$\int \frac{\nabla u \cdot \nabla \delta u}{D} \mathrm{d}x\mathrm{d}y = -\int \delta u \nabla \cdot \left(\frac{\nabla u}{D}\right) \mathrm{d}x\mathrm{d}y + \int_{\partial\Omega} \frac{\nabla u}{D} \delta u \mathrm{d}s \tag{3.7}$$

由于 $\delta u|_{\partial\Omega} = 0$，因此

$$\int_{\partial\Omega} \frac{\nabla u}{D} \delta u \mathrm{d}s = 0 \tag{3.8}$$

因此

$$\int \frac{\nabla u \cdot \nabla \delta u}{D} \mathrm{d}x\mathrm{d}y = -\int \delta u \nabla \cdot \left(\frac{\nabla u}{D}\right) \mathrm{d}x\mathrm{d}y \tag{3.9}$$

TV 的 Gateaux 微分为

$$TV' = -\nabla \cdot \left(\frac{\nabla u}{D}\right) \tag{3.10}$$

TV 的梯度流为

$$\frac{\partial TV}{\partial t} = \nabla \cdot \left(\frac{1}{D} \nabla u\right) \tag{3.11}$$

由于 D 是非负的，扩散系数也是非负的，这表明偏微分方程（3.11）为平滑型偏微分方程，求解此方程会模糊图像纹理。如果扩散系数为负，偏微分方程(3.11) 就变为增强型偏微分方程，求解此方程会使图像边缘得到增强。因此，通

过观察梯度流方程的扩散系数，就可以判断本章所提出的先验的性质。

对于光滑 - 增强先验来说，有如下定理。

定理 3.1：给定 $\varepsilon > 0$，若 $D^2(x_0, y_0) < \varepsilon$，则最小化 $\varphi(D)$ 会光滑图像的细小纹理信息；若 $D^2(x_0, y_0) \geqslant \varepsilon$，则最小化 $\varphi(D)$ 会增强图像的显著边缘。

证明：基于 TV 正则项梯度流方程的推导，可以推出光滑 - 增强先验的梯度流方程

$$\frac{\partial \varphi}{\partial t} = \nabla \cdot \left(\frac{\left(\varepsilon - D^2 \right)}{\left(D^2 + \varepsilon \right)^2 D} \nabla u \right) \tag{3.12}$$

若 $D^2 \leqslant \varepsilon$，梯度流方程的扩散系数非负，梯度流方程为光滑型偏微分方程；若 $D^2 > \varepsilon$，梯度流方程的扩散系数为负，梯度流方程为增强型偏微分方程。

定理 3.1 说明 ε 在光滑 - 增强先验中扮演着重要的角色，它决定对应的结构是被模糊还是被增强。图 3.4 展示了不同的 ε 对图片的影响。从图中可以看出，较小的 ε 会移除更少的细节结构并将显著边缘增强得更为锐利。

(a) 原始图像　　　　(b) $\varepsilon = 0.5$　　　　(c) $\varepsilon = 0.05$　　　　(d) $\varepsilon = 0.01$

图 3.4　使用不同 ε 的光滑 - 增强先验得到的图像

先验式（3.2）与式（3.13）有着相似的数学表达

$$\min_u : \phi(u) = \int \frac{1}{D + \varepsilon} \mathrm{d}x\mathrm{d}y \tag{3.13}$$

但是它们有着本质的区别。与式（3.2）相比，式（3.13）会对所有的结构进行增强。式（3.13）对应的梯度流偏微分方程为

$$\frac{\partial \varphi}{\partial t} = \nabla \cdot \left(\frac{-1}{(D + \varepsilon)^2 D} \nabla u \right) \tag{3.14}$$

式（3.14）的扩散系数总是负的，因此图像中的所有元素均被增强，包括细小的纹理结构和噪声，这显然会对点扩散函数估计造成影响。

3.3　基于光滑－增强先验的盲复原模型与优化

3.3.1　基于光滑－增强先验的盲复原模型

盲复原模型分为两个阶段：点扩散函数估计阶段和图像非盲复原阶段。在点扩散函数估计阶段，通常将彩色图像转换为灰度图像，再对灰度图像进行点扩散函数估计。得到估计的点扩散函数后，使用非盲复原模型对模糊图像进行复原。在点扩散函数估计阶段，本章使用光滑－增强先验来对非自然清晰图像进行建模。给定模糊图像 $f \in \mathbf{R}^{HW}$，H 和 W 是图像的高和宽，点扩散函数估计阶段要优化的目标函数为

$$\min_{u,k} : E(u,k) = \| Ku - f \|_2^2 + \alpha \mathbf{1} \cdot \frac{D}{D^2 + \varepsilon} + \gamma \| k \|_2^2 \tag{3.15}$$

$$\text{s.t.} k \geq 0, \mathbf{1} \cdot k = 1 \tag{3.16}$$

式中：K 表示由 k 生成的基于循环块的块循环矩阵，u、k 和 D 表示将非自然清晰图像、点扩散函数和梯度模图像离散化后按列字典序展成的向量；$\mathbf{1}$ 表示全 1 向量；$\cdot$ 为内积算子；α 和 γ 为平衡参数。

上述目标函数包含三个部分：第一部分为拟合项；第二部分为光滑－增强先验；第三部分为岭回归正则项，用来减小估计出的点扩散函数的噪声。

3.3.2　模型求解

由于提出的目标函数式（3.15）包含多个未知量，本节使用交替求解算法来对每个未知量分别迭代。求解目标函数式（3.15）可以转化为交替求解如下的两个子问题：

$$u^{i+1} = \arg \min \| K^i u - f \|_2^2 + \alpha \mathbf{1} \cdot \frac{D}{D^2 + \varepsilon} \tag{3.17}$$

$$k^{i+1} = \arg \min_k \| U^{i+1} k - f \|_2^2 + \gamma \| k \|_2^2 \tag{3.18}$$

约束条件为式（3.16）。U 为由 u 生成的基于循环块的块循环矩阵。本章使用 coarse-to-fine 框架[100, 101]来对点扩散函数进行估计。coarse-to-fine 框架将模糊图像下采样成模糊图像金字塔序列，金字塔层级越高，图像的细节信息越少。首先对最高金字塔层级的图像进行点扩散函数估计，估计出的点扩散函数上采样

后被当做第二高层级的图像的点扩散函数初值，继续对第二高层级的图像进行点扩散函数估计。为了在迭代中恢复更多显著边缘，随着金字塔层级的降低，α 逐渐减小。

估计非自然清晰图像：由于目标函数式（3.17）为非凸函数，且光滑－增强先验是高度非线性的，因此最小化目标函数（3.17）有一定的挑战性。本章使用次半分裂算法来对此问题进行求解，引入对偶变量 $\boldsymbol{b} = (\boldsymbol{b}_x, \boldsymbol{b}_y)$ 来替换 $\nabla \boldsymbol{u} = (\boldsymbol{u}_x, \boldsymbol{u}_y)$。目标函数（3.17）可改写为

$$\min_{u,b} : \left\| \boldsymbol{K}^i \boldsymbol{u} - \boldsymbol{f} \right\|_2^2 + \alpha 1 \frac{\sqrt{\boldsymbol{b}_x^2 + \boldsymbol{b}_y^2}}{\boldsymbol{b}_x^2 + \boldsymbol{b}_y^2 + \varepsilon} + \frac{\beta}{2} (\| \boldsymbol{b}_x - \boldsymbol{u}_x \|_2^2 + \| \boldsymbol{b}_y - \boldsymbol{u}_y \|_2^2) \quad (3.19)$$

与目标函数（3.17）相比，目标函数（3.19）将光滑－增强先验从目标函数（3.17）中解耦。当 β 趋向于无穷大，目标函数（3.19）的解收敛到目标函数（3.17）的解。目标函数（3.19）的解可以通过交替求解如下目标函数获得：

$$\min_{b} : \alpha 1 \frac{\sqrt{\boldsymbol{b}_x^2 + \boldsymbol{b}_y^2}}{\boldsymbol{b}_x^2 + \boldsymbol{b}_y^2 + \varepsilon} + \frac{\beta}{2} (\| \boldsymbol{b}_x - \boldsymbol{u}_x \|_2^2 + \| \boldsymbol{b}_y - \boldsymbol{u}_y \|_2^2) \quad (3.20)$$

$$\min_{u} : \left\| \boldsymbol{K}^i \boldsymbol{u} - \boldsymbol{f} \right\|_2^2 + \frac{\beta}{2} (\| \boldsymbol{b}_x - \boldsymbol{u}_x \|_2^2 + \| \boldsymbol{b}_y - \boldsymbol{u}_y \|_2^2) \quad (3.21)$$

最小化目标函数（3.20）等价于求解下列方程组：

$$\left.\begin{array}{l} \alpha \dfrac{(\varepsilon - \boldsymbol{b}_x^2 - \boldsymbol{b}_y^2) \boldsymbol{b}_x}{(\boldsymbol{b}_x^2 + \boldsymbol{b}_y^2 + \varepsilon)^2 \sqrt{\boldsymbol{b}_x^2 + \boldsymbol{b}_y^2}} + \beta (\boldsymbol{b}_x - \boldsymbol{u}_x) = 0 \\[4mm] \alpha \dfrac{(\varepsilon - \boldsymbol{b}_x^2 - \boldsymbol{b}_y^2) \boldsymbol{b}_y}{(\boldsymbol{b}_x^2 + \boldsymbol{b}_y^2 + \varepsilon)^2 \sqrt{\boldsymbol{b}_x^2 + \boldsymbol{b}_y^2}} + \beta (\boldsymbol{b}_y - \boldsymbol{u}_y) = 0 \end{array}\right\} \quad (3.22)$$

方程组（3.22）没有解析解。然而，如果将 $(\varepsilon - \boldsymbol{b}_x^2 - \boldsymbol{b}_y^2) / (\varepsilon + \boldsymbol{b}_x^2 + \boldsymbol{b}_y^2)^2$ 滞后一步迭代，方程组（3.22）存在解析解。

表 3.1 列出了求解方程组（3.22）的迭代过程。在实际应用中，只需要对不动点迭代算法进行 5 次迭代即可收敛，因此算法 1 中的循环次数设置为 5。

式（3.23）表明，当 $\boldsymbol{b}_x^2 + \boldsymbol{b}_y^2 > \varepsilon$ 时，求解得到的 $\boldsymbol{b}_x$ 和 $\boldsymbol{b}_y$ 大于 $\boldsymbol{u}_x$ 和 $\boldsymbol{u}_y$，这意味着显著的边缘被增强；当 $\boldsymbol{b}_x^2 + \boldsymbol{b}_y^2 < \varepsilon$ 时，求解得到的 $\boldsymbol{b}_x$ 和 $\boldsymbol{b}_y$ 小于 $\boldsymbol{u}_x$ 和 $\boldsymbol{u}_y$，这意味着细小的纹理被模糊。

表 3.1　不动点迭代算法

算法 3.1　不动点迭代算法
初始化：$\boldsymbol{b} = (\boldsymbol{u}_x, \boldsymbol{u}_y)$ For k=1:5 $$\boldsymbol{b}_x^{k+1} = \max\left(0,1 - \frac{\alpha}{\beta} \frac{\varepsilon - \boldsymbol{b}_x^{k^2} - \boldsymbol{b}_y^{k^2}}{(\boldsymbol{b}_x^{k^2} + \boldsymbol{b}_y^{k^2} + \varepsilon)^2 \sqrt{\boldsymbol{u}_x^2 + \boldsymbol{u}_y^2}} \right) \boldsymbol{u}_x$$ $$\boldsymbol{b}_y^{k+1} = \max\left(0,1 - \frac{\alpha}{\beta} \frac{\varepsilon - \boldsymbol{b}_x^{k^2} - \boldsymbol{b}_y^{k^2}}{(\boldsymbol{b}_x^{k^2} + \boldsymbol{b}_y^{k^2} + \varepsilon)^2 \sqrt{\boldsymbol{u}_x^2 + \boldsymbol{u}_y^2}} \right) \boldsymbol{u}_y$$ （3.23） End

目标函数（3.21）为二次函数，具有解析解：

$$u^{i+1} = F^{-1}\left(\frac{\overline{F}(\boldsymbol{k}^i) F(\boldsymbol{f}) - \beta F(\nabla^{\mathrm{T}} \boldsymbol{b}^{i+1})}{|F(\boldsymbol{k}^i)|^2 - \beta F(\Delta)} \right) \tag{3.24}$$

式中：F 和 F^{-1} 分别为快速傅里叶变换（FFT）和快速反傅里叶变换。$\overline{F}$，∇^{T} 和 Δ 分别为共轭 FFT 矩阵、散度矩阵和拉普拉斯算子矩阵。

由于细小的纹理信息会阻碍点扩散函数的精确估计[99]，因此在生成非自然清晰图像时希望能够完全移除这些细小的纹理信息，这可以通过更改 $\boldsymbol{b}_x$ 和 $\boldsymbol{b}_y$ 来完成。由于 $\boldsymbol{b}_x$ 和 $\boldsymbol{b}_y$ 在计算中充当了 $\boldsymbol{u}_x$ 和 $\boldsymbol{u}_y$ 的模板的角色，因此可以使用阈值将 $\boldsymbol{b}_x$ 和 $\boldsymbol{b}_y$ 的对应元素置零来移除这些细小的纹理。具体而言，计算得到 $\boldsymbol{b}_x$ 和 $\boldsymbol{b}_y$ 后，若 $\sqrt{\boldsymbol{b}_x^2 + \boldsymbol{b}_y^2}$ 小于阈值 λ，则将对应的元素置为 0。

图 3.5 展示了原始的光滑 - 增强先验与经过硬阈值修正后的光滑 - 增强先验处理图，可以看到，经过修正的光滑 - 增强先验完全抹除了细小的纹理结构信息。为了方便起见，后续章节中所提到的光滑 - 增强先验均为修正后的光滑 - 增强先验。

（a）原始图像　　　　　　　（b）使用原始的光滑 - 增强先验的图像

（c）使用修正后的光滑 – 增强先验的图像

图 3.5　使用原始的光滑 – 增强先验和修正后的光滑 – 增强先验

表 3.2 总结了目标函数 3.19 极小化的步骤，过程如下。

表 3.2　求解目标函数（3.19）的主要步骤

算法 3.2　求解目标函数（3.19）的主要步骤

输入：K, f, α, β, ε, λ, $\boldsymbol{b}_x = \boldsymbol{u}_x$, $\boldsymbol{b}_y = \boldsymbol{u}_y$, $\beta_{\max}$, $\boldsymbol{u} = \boldsymbol{f}$
 While $\beta < \beta_{\max}$ do
 　　使用算法 3.1 求解 $\boldsymbol{b}$
 　　$\boldsymbol{b}(\sqrt{\boldsymbol{b}_x^2 + \boldsymbol{b}_y^2} < \lambda) = 0$
 　　使用式（3.24）求解 $\boldsymbol{u}$
 　　$\beta = 2\beta$
 　　$\lambda = \dfrac{\lambda}{2}$
 End While
 输出：$\boldsymbol{u}$

点扩散函数估计：由于目标函数（3.18）为一个二次凸函数，给定 $\boldsymbol{u}^{i+1}$，目标函数（3.18）有解析解

$$k^{i+1} = F^{-1}\left(\frac{F(\boldsymbol{u}^{i+1})F(\boldsymbol{f})}{|F(\boldsymbol{u}^{i+1})|^2 + \gamma} \right) \tag{3.25}$$

求得点扩散函数后，使用约束条件式（3.16）来对点扩散函数进行修正。

清晰图像复原：在求得最低金字塔层级图像的点扩散函数后，使用此点扩散函数来对原始模糊图像进行非盲复原，通过最小化如下目标函数来复原图像：

$$\min_{\boldsymbol{u}}: E(\boldsymbol{u}) = \| K\boldsymbol{u} - \boldsymbol{f} \|_2^2 + \gamma \| \nabla \boldsymbol{u} \|_1 \tag{3.26}$$

整体算法流程如表 3.3 所述。

表 3.3　整体算法流程

算法 3.3　整体算法流程

输入：模糊图像 f 和初始点扩散函数 k^0
for l = 1:T do
for i = 1:T do
　　　　使用算法 3.2 求解 u
　　　　使用式（3.25）与约束（3.16）求解 k
　　　　$\alpha = \dfrac{\alpha}{1.1}$
　　　　End
　　　　在 k 上采样
　　　　End
　　　　图像非盲复原
输出：清晰图像

3.4　实验结果与分析

3.4.1　多场景图像实验

本节使用多种场景下的真实图像来验证提出的算法，并与十种性能领先的盲复原算法进行比较，它们分别为 Fergus 提出的算法（Fergus et al.）[100]、Shan 等人提出的算法（Shan et al.）[101]、Cho 和 Lee 提出的算法（Cho and Lee）[102]、Xu 等人提出的 L_0 梯度范数先验（Xu et al.）[103]、Krishnan 等人提出的归一化稀疏先验（Krishnan et al.）[104]、Hirsch 等人提出的算法（Hirsch et al.）[105]、Whyte 等人提出的算法（Whyte et al.）[106]、Pan 等人提出的暗通道先验（Pan et al.）[4]、Yan 等人提出的极限通道先验（Yan et al.）[107] 和 Li 等人提出的基于深度学习的先验（Li et al.）[108]。为了全面评价提出的方法的有效性，本节同时进行定量与定性的比较。首先使用两个模糊数据集对所有算法进行定量比较，然后对自然图像、文字图像、人脸图像和低光照图像进行定性比较。为了公平起见，所有测试算法都使用了相同的非盲复原算法对模糊图像进行复原。

第一个数据集 [109] 包含了 32 张模糊图像和 8 种点扩散函数，图像大小为 255×255，点扩散函数的尺寸在 13×13 与 27×27 之间。本节使用真实点扩散函数复原的图像和清晰图像的误差与使用估计点扩散函数复原的图像和清晰图像的误差的比率来作为复原图结果的评价标准。

　　图 3.6 展示了不同算法的累计误差直方图。可以看到，本章提出的算法取得了与目前最好的算法相当的结果。

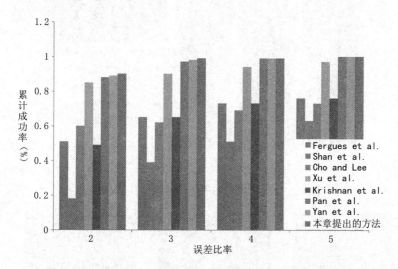

图 3.6　不同算法在第一个数据集上的定量比较

　　第二个数据集[110]包含了 4 种图像与 12 种点扩散函数，点扩散函数的尺寸变化极大。采用的评价标准为峰值信噪比（peak signal to noise ratio, PSNR）。具体来说，首先将复原的图像与沿运动轨迹捕获的 199 幅清晰图像分别计算 PSNR，再选出其中的最大值来作为最终的评价指标。

　　图 3.7 展示了复原效果。从图中可以看到，本章提出的方法取得了和当前的最好算法相当的结果。图 3.8 展示了数据集中一幅较大尺度模糊图像的复原效果。从图中可以看出，本章提出的算法恢复出了更多的细节特征。

　　本节进一步使用更多类型的图像来验证算法的有效性。图 3.9 展示了一幅室外模糊图像和恢复结果。与其他算法相比，本章提出的算法恢复出了更加丰富的细节信息。图 3.10 展示了一幅被严重模糊的文字图像和恢复结果。对比的算法没有成功地恢复出图中的文字，而本章提出的算法成功地恢复出了文字信息。图 3.11 展示了一幅低光照模糊图片与复原结果。本章提出的算法获得了与专门针对低光照模糊图像设计的算法[111]相当的结果。

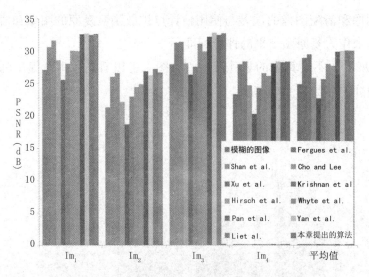

图 3.7　不同算法在第二个数据集上的定量比较

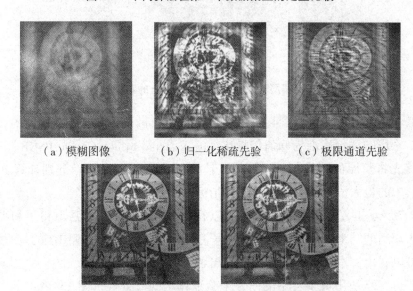

（a）模糊图像　　　（b）归一化稀疏先验　　　（c）极限通道先验

（d）基于深度学习的先验　　（e）本章提出的算法

图 3.8　不同算法对大尺度模糊图像的复原效果比较

（a）模糊图像　　　　　　　　（b）暗通道先验

（c）极限通道先验　　　　　　（d）本章提出的算法

图 3.9　不同算法复原室外图像的比较

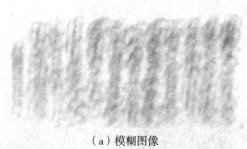

（a）模糊图像　　　　　　　　（b）L_0 梯度范数先验

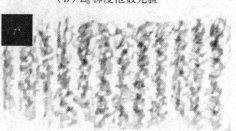

（c）L_0 亮度范数先验　　　　　（d）暗通道先验

（e）本章提出的算法

图 3.10　不同算法复原文字图像的比较

（a）模糊图像　　　（b）暗通道先验　　　（c）L_0 梯度范数先验

（d）低光照图像复原算法　　（e）本章提出的算法

图 3.11　不同算法复原低光照图像的比较

3.4.2　遥感图像实验

本节对航拍模糊遥感图片进行复原实验。图 3.12 展示了一幅航拍的简单地物遥感图像的复原结果。从图中可以看出，基于归一化稀疏先验与 L_0 梯度范数先验的算法恢复出的图像有较大的伪影，而基于暗通道先验的算法与本章提出的算法均恢复出了飞机的轮廓。与暗通道先验相比，使用光滑－增强先验复原的图像更加清晰，飞机轮廓附近的伪影更少。图 3.13 展示了不同方法生成的非自然清晰图像。从图中可以看出，归一化稀疏先验和 L_0 梯度范数先验生成的非自然清晰图像有较多的伪影，这些伪影干扰了点扩散函数的估计；由于实验图像较为明亮，暗通道先验失效，因此基于暗通道先验的方法没有增强足够多的显著边缘来给点扩散函数估计提供帮助。相比之下，本章提出的算法恢复出了最多的显著边缘，恢复的边缘与其他方法相比更加锐利，因此本章提出的算法获得了最好的效果。

图 3.14 和图 3.15 展示了两个更有挑战性的场景。图 3.14 展示了复杂场景下不同算法的复原图像。基于归一化稀疏先验与 L_0 梯度范数先验的算法没有恢复出图像中的地物信息，而基于暗通道先验的算法与本章提出的算法均恢复出了地物信息。与暗通道先验相比，使用光滑－增强先验复原的图像恢复出了更多细节，图像看起来更加真实。

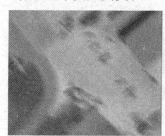
（a）模糊图像

（b）归一化稀疏先验

（c）L_0 梯度范数先验

（d）暗通道先验

（e）本章提出的算法

图 3.12　简单地物航拍遥感图像盲复原

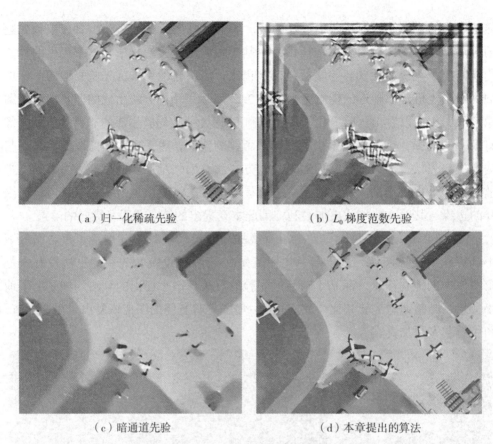

（a）归一化稀疏先验   （b）L_0 梯度范数先验

（c）暗通道先验   （d）本章提出的算法

图 3.13 不同方法生成的非自然清晰图像比较

（a）模糊图像   （b）归一化稀疏先验   （c）L_0 梯度范数先验

（d）暗通道先验　　　　　　　（e）本章提出的算法

图 3.14　复杂场景航拍遥感图像盲复原

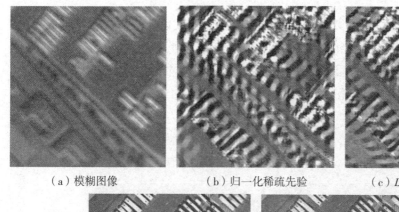

（a）模糊图像　　　　　（b）归一化稀疏先验　　　　　（c）L_0 梯度范数先验

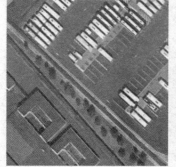

（d）暗通道先验　　　　　　　（e）本章提出的算法

图 3.15　密集地物航拍遥感图像盲复原

　　图 3.15 展示了在密集地物场景下不同算法的复原图像。基于归一化稀疏先验与 L_0 梯度范数先验的算法没有恢复出图像中密集排布的车辆，而且伪影很多，基于暗通道先验的算法与本章提出的算法很好地恢复出了密集排列的车辆，而且没有过多的伪影干扰。

3.4.3　超参敏感性与收敛性分析

本章提出的模型共有 5 个超参，包括 α、β、ε、λ 和 γ。α 和 γ 平衡拟合项与光滑 – 增强先验的权重，β 和 ε 控制着显著边缘的增强程度，λ 为光滑阈值。在这些参数中，模型对 β 和 λ 相对敏感。较小的 β 会将显著边缘增强得更加锐利，较大的 λ 会去除更多的纹理结构。由于大尺度模糊的图像包含较少的显著边缘，因此对于大尺寸点扩散函数使用较大的 λ（$\lambda = 1.5$）和较小的 β（$\beta = 2$）；小尺度模糊图像包含较多的显著边缘，因此对于小尺度点扩散函数使用较小的 λ（$\lambda = 0.5$）和较大的 β（$\beta = 10$）。对于其他参数，本章大部分实验设置为 $\alpha = 0.001$，$\varepsilon = 0.001$，$\gamma = 2$。

图 3.16 展示了目标函数值和点扩散函数相似度变化曲线。从图中可以看出，目标函数值和点扩散函数相似度在 20 步迭代后趋于稳定。然而，在实际应用中发现，对每个图像金字塔层进行 5 次迭代就可以使算法收敛。因此，本章中的所有实验都将每个图像金字塔层的最大迭代步数设置为 5。

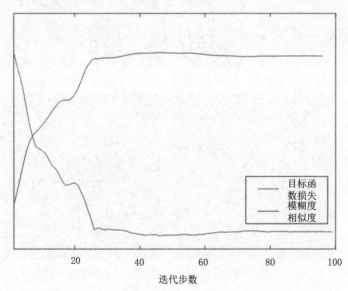

图 3.16　目标函数损失与模糊核相似度收敛曲线

3.4.4　消融实验

为了验证光滑 – 增强先验的有效性，本节将提出的先验中的增强部分移除。

将光滑 – 增强先验中的增强功能移除后，此先验等价于 L_0 梯度范数先验，因此本节直接将所提出的先验用 L_0 梯度范数先验来代替。图 3.17 展示了几种先验的比较结果。为了和当前最优的方法比较，图中也增加了暗通道先验的结果。从图中可以看出，与 L_0 梯度范数先验相比，光滑 – 增强先验生成了更多和更锐利的显著边缘。暗通道先验虽然也增强了显著边缘，但是它在光滑区域产生伪边缘，这会误导点扩散函数的估计。相比之下，提出的先验只增强显著边缘，因此没有这个问题。

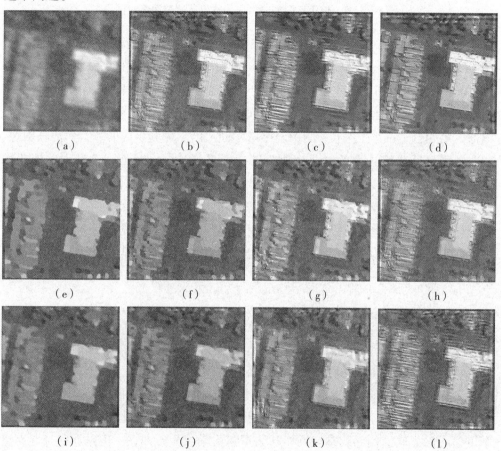

（a）　　　　　（b）　　　　　（c）　　　　　（d）

（e）　　　　　（f）　　　　　（g）　　　　　（h）

（i）　　　　　（j）　　　　　（k）　　　　　（l）

（m）　　　　　　　（n）　　　　　　　（o）　　　　　　　（p）

图 3.18　使用不同方法生成的非自然清晰图像对比

图 3.17 中，第一行分别为（ a ）模糊图像、（ b ）暗通道先验的复原图像、（ c ）L_0 梯度范数先验的复原图像和（ d ）光滑 - 增强先验的复原图像，第二行（ e ）~（ h ）为图像金字塔不同尺度下暗通道先验生成的非自然清晰图像，第三行（ i ）~（ l ）为图像金字塔不同尺度下 L_0 梯度范数先验生成的非自然清晰图像，第四行（ m ）~（ p ）图像金字塔不同尺度下先验生成的非自然清晰图像。

基于显性边缘选取的方法也对显著边缘进行增强。然而，这种方法使用的 shock filter 会将选出的所有显著边缘过度增强为阶梯形边缘。相比之下，光滑 - 增强先验根据当前梯度信息自适应地对显著边缘进行增强，得到了更加自然的结果。另外，光滑 - 增强先验优雅地将光滑效应与增强效应集成在一个目标函数中，因此它不需要对边缘进行显性定位，这个性质使本章提出的先验比 shock filter 更灵活。

3.4.5　运行时间对比

本节将提出的算法与当前效果最好的三个算法进行计算复杂度的对比。所有的实验都是在相同的电脑上进行，电脑配置为 Intel i7 CPU 和 8 GB 内存。由于暗通道先验和极限通道先验为基于图像滑窗的先验，因此它们的计算复杂度和滑窗尺寸 w 相关。这两个先验的计算复杂度为 $O(w^2N)$，N 为图像的像元数。基于深度学习的先验使用卷积神经网络从数据集中学习先验知识，但是卷积神经网络的计算复杂度较高，为 $O(s^2CLN)$，其中 s、C、L 和 N 分别为卷积核尺寸、卷积核数量、神经网络的层数和特征层的像元个数。相比之下，本章提出的先验只有 $O(N)$ 的运算复杂度。表 3.4 展示了四种算法对不同尺寸的图像处理时间的对比。从表中可以看出，本章提出的方法相比于其他算法运行速度快了 10 倍以上。

表 3.4　不同算法在不同图像分辨率下的运行时间（s）比较

方法名称	图像规模	
	255×255	800×800
暗通道先验	83.74	1 265.32
极限通道先验	166.79	1 632.12
基于深度学习的先验	71.58	554.24
本章提出的算法	8.76	36.40

3.5　本章小结

本章论述了高分辨光学影像目标检测前的预处理工作——图像盲复原。本章观测到现有的图像盲复原算法有一个共同特征，它们在迭代计算的过程中生成了一系列非自然清晰图像。这些非自然清晰图像与真实的清晰图像相比有着显著区别，非自然清晰图像消除了纹理细节并保留了显著的边缘信息，而这些显著边缘对于估计点扩散函数至关重要。基于以上观察，本章提出光滑－增强先验来对非自然清晰图像的显著边缘进行增强，降低了点扩散函数的估计难度。为了快速高效求解提出的模型，本章推导了基于次半分裂算法与滞后不动点迭代算法的快速迭代算法。不同场景图像的实验证明，本章提出的算法取得了与当前最优算法相当的结果，具有较强的通用性与鲁棒性，可以对自然图像和高分图像进行盲复原。同时，本章提出的算法计算复杂度较低，运行速度是当前最优算法的 10 倍以上。

第4章 基于可微分锚框的光学遥感图像目标检测

4.1 引　言

光学遥感图像目标检测可以有效弥补高光谱图像目标探测无法使用空间维度的不足，在军事和民用上都重大的应用价值。军事上，光学遥感图像目标检测有利于提前发现和识别军事目标；民用上，光学遥感图像目标检测可以为违规建筑检测、地理勘察和交通监控提供事实依据。随着深度学习技术的发展，基于卷积神经网络的目标检测器已经成为主流，各种检测器如 Faster R-CNN[112]、SSD[113]、YOLO 系列[114]、RetinaNet[115] 等不断涌现，被研究人员和工业界广泛采用。因此，本章针对现有基于深度学习的目标检测器在遥感目标检测上的不足，研究基于深度学习的光学遥感图像目标检测技术，以提高目标检测器的效率和精度。

大部分遥感目标检测器都含有锚框（anchor）这个组件。锚框是物体标注框的初始猜测，密集排布的锚框可以帮助目标检测器构建训练目标和回归目标框。锚框的设计对检测器至关重要，设计不合理的锚框使检测器的精度大幅下降。大部分目标检测器通过手动设计固定的锚框进行目标检测。然而，对于遥感目标检测来说，由于标注的目标框（简称标注框）的面积和横纵比变化巨大，使用固定的锚框不能达到较好的效果。具体来说，遥感目标检测有着以下特点：

由于成像系统的成像高度不同，图像分辨率变化巨大，因此同类物体的标注框的面积有极大变化；

遥感图像中存在非常细长的地物，这些细长的地物需要设计专门的锚框来匹配正例；

遥感图像中的地物常常大量聚集，如停车场里的汽车和港口里的轮船，这给检测器的锚框设计提出了挑战；

由于遥感图像以鸟瞰的角度拍摄，因此地物不是水平或垂直的，它们在遥感图像中可以以任意角度出现。

　　由于遥感目标的上述特点，使用手工设计固定的锚框不仅费时费力，而且无法有效对所有标注框生成足够的正例，限制了检测器的精度和自适应性。针对这一问题，本章将锚框形状变为可微分的形式，通过让目标检测器自适应地学习锚框形状来提高检测器的精度与自适应性。将锚框变为可微分的形式后，如何训练这些锚框是一个难点。针对这一问题，本章提出一种训练方法来训练这些锚框，通过使用 L_p 范数球近似和基于优化误差的金字塔层级分配机制来构建锚框的训练正例。自然图像数据集和遥感数据集的实验结果表明，本章提出的方法可以在不显著增加计算量的情况下有效地提升目标检测器的精度和自适应性。

　　本章的编排如下：首先介绍基于深度学习的目标检测器和锚框的基本原理，然后介绍提出的可微分锚框和训练方法，最后对提出的方法进行验证和分析。

4.2　基于深度学习的目标检测和锚框原理简介

　　近年来，由于深度学习技术的快速发展，基于深度卷积神经网络的目标检测技术已经成为主流。自 2012 年基于深度学习的分类模型在 ImageNet 比赛中亮相并一举拿下冠军以来，基于深度学习的模型开始受到研究人员的广泛关注。由于深度学习可以自动抽取数据中的抽象特征表达，因此相较于传统方法，深度学习有着巨大的优势。基于深度学习的目标检测有多种框架，但本质相通。因此，本节以 RetinaNet（见图 4.1）为例来介绍目标检测的原理。

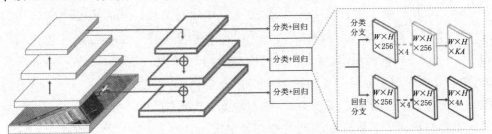

图 4.1　RetinaNet 结构示意图

　　RetinaNet 是一个单阶段目标检测器，它包含一个主干网络和两个分支网络。主干网络用来提取输入图像的特征，一般使用已有的网络结构如 VGG 和 ResNet 等。如图 4.1 所示，RetinaNet 的主网络采用特征金字塔结构（feature pyramid network，FPN）。简而言之，FPN 通过自顶向下的路径和横向连接来扩展标准的卷积网络，使该网络能够从单个分辨率的输入图像构建一个丰富的、多尺度的特征金字塔，金字塔的每一层可以用来探测相似尺度的物体。FPN 增加了全卷积网络的多尺度预测能力，可以有效提升目标检测器的精度。RetinaNet 在 ResNet 架构的基础上构建 FPN，构建了从 P_3 到 P_7 的特征金字塔，其中以 P_l 表特征金字塔的层级，l 表示特征图的分辨率为输入图像的 $1/l$ 倍。特征金字塔的通道数均为 256。

两个分支网络均为简单的级联卷积神经网络，分别用来对特征图中的像元进行分类和对检测到的物体进行边框回归。两个分支对特征金字塔中的所有特征图进行检测，输出 5 种检测结果，依特征金字塔的编号顺序从小到大代表小物体到大物体的检测结果。分类分支由 4 个卷积层级联，前 3 层卷积输出 256 个通道，最后一层卷积输出 KA 个通道，代表有 A 种锚框，可以检测 K 种物体。分类分支的最后一层使用 Sigmoid 函数将输出限制到 [0, 1] 区间，使之变成概率形式。边框回归分支与分类分支并列，此分支也是一个级联的全卷积网络，包含 4 个级联卷积层，前 3 层卷积输出 256 个通道，最后一层卷积输出 $4A$ 个通道，代表 A 种锚框相对于标注框的偏移量与长宽。

特征金字塔的每一层特征图上都密集铺设了一系列的锚框。锚框为一系列虚拟的框，在构建目标检测器时已经固定，在检测器训练与使用时也不会变化。特征图的每一个像元上都有一系列的锚框，这些锚框具有不同的大小和横纵比，同一层特征金字塔的特征图上的锚框形状一致。在 RetinaNet 中，对于不同的特征金字塔层 P_3 到 P_7，锚框的面积分别为 32×32、64×64、128×128、256×256 和 512×512。每一层特征金字塔的锚框有 3 种横纵比，分别为 $\{1：2, 1：1, 2：1\}$。另外，每一层特征金字塔还包含 3 种面积变化，其面积变化率分别为 $\{2^0, 2^{1/3}, 2^{2/3}\}$。每个像元上共有 9 种锚框，所有特征金字塔上的锚框的边长范围为 $32 \sim 813$。在训练阶段，锚框与标注框以计算交并比（intersection over union，IoU）的方式来构建分类分支的正例：若锚框与标注正例的 IoU 大于 0.5，则对应像元被选为正例；若 IoU 小于 0.4，则对应像元为负例；IoU 在 0.4 到 0.5 之间的像元不参与训练。若标注框与所有锚框的最大 IoU 小于等于 0.5，则选取与标注框 IoU 最大的锚框对应的像元为正例。边框回归分支只对正例进行训练，将锚框与标注框计算的相对偏移量作为正例的训练目标。

从以上描述可以看出，锚框决定了训练目标，而好的训练目标可以大大降低检测器的训练难度。因此，锚框的设计在目标检测器中有着举足轻重的作用。

4.3　基于可微分锚框的目标检测框架

虽然当前大部分目标检测框架都使用了锚框作为训练参考依据，但是预先固定好的锚框仍然有以下不足：

使用固定的锚框后，目标检测器对某些标注框可能无法生成足够多的正例。固定的锚框的形状变化是离散的，而标注框的形状变化是连续的。由于锚框和标注框一起构建训练中的正例，那些与锚框形状相差较远的标注框无法生成足够多的正例，就会使检测器的性能下降。

为了生成足够多的正例，检测器一般要在一个像元上铺设多种锚框，而绝大多数的锚框在目标检测器的训练和使用中没有被利用，这造成了设计和计算的冗余。

由于遥感数据集的地物目标形状与方向变化极大，因此固定的锚框缺少足够的灵活性来适应不同类型的遥感目标，不同数据集可能需要设计不同的锚框形式，耗时耗力。

本章提出可微分锚框机制（differentiable anchoring，DA）来缓解以上问题。为叙述方便起见，本节使用 RetinaNet 作为例子来引入可微分锚框机制，但是此机制也可以嵌入到其他检测器如 Faster R-CNN 和 SSD 中。可微分锚框机制在现有的分类分支与边框回归分支的基础上，平行地添加了一个分支来预测锚框的宽度和高度，从而简化了锚框的生成过程。图 4.2 展示了基于可微分锚框机制的 RetinaNet（DA-RetinaNet）在一层特征金字塔上的结构示意图。

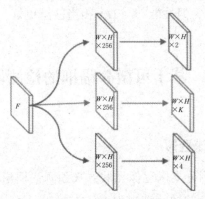

图 4.2　DA-RetinaNet 在一个特征金字塔上的结构示意图

具体来说，DA-RetinaNet 的每层特征金字塔的特征图上有三个并行的分支，分别为锚框形状预测分支、分类分支和边框回归分支。分类分支与边框回归分支的结构与 RetinaNet 保持一致。锚框形状预测分支由四层级联卷积层组成，前三层卷积层的输出通道数为 256，最后一层的输出通道数为 2。此分支的输出信息蕴含了每个像元点上锚框的宽和高的特征信息，记输出信息为 $d_i = \left(d_i^w, d_i^h\right)$，其中 i 为第 i 层特征金字塔。由于锚框的高度和宽度变化范围较大，直接预测锚框的形状不稳定。因此，本章采用如下变换：

$$a_i^w = l_i \cdot \mathrm{ReLU}\left(d_i^w 1\right), a_i^h = l_i \cdot \mathrm{ReLU}\left(d_i^h 1\right) \tag{4.1}$$

式中：a_i^w 和 a_i^h 分别为锚框的宽和长；l_i 为第 i 层特征金字塔的参考锚框边长。在本章的所有实验中，五层特征金字塔的 l_i（$i = 3, 4, 5, 6, 7$）分别为 {32, 64, 128, 256, 512}。尽管每一层卷积层的参数都是随机初始化的，但是这些参数的采样分布的均值为 0，标准差很低（0.01），因此在初始化阶段 a_i^w 和 a_i^h 与 l_i 非常接近。

与手工锚框设计方案相比，DA 在每个像元位置只有一个锚框，减少了锚框的冗余设计。网络生成的锚框可以有任意的横纵比，因此理论上它可以匹配任意横纵比的目标，包括极度细长的物体。由于增加的分支只需要 l_i 这个超参，并且锚框形状是由网络动态生成的。这意味着锚框可以自动适应数据分布，大大简化了锚框的设计问题。不需要为不同的数据集更改 l_i 的设定。

与最近发表的引导锚框[116]（guided anchoring，GA）相比，本章所提出的方法简化了锚框的生成方式。GA 有两个分支，一个用来定位正例锚框的位置，另一个用于回归正例锚框的形状。这个设计符合目前大多数检测器常用的设计思想[125,128,150]，它们都引入了两个分支来进行物体框的预测。相比之下，DA 使用现有的分类分支来定位正例锚框的位置，因此定位锚框的分支可以被移除。本章将在实验中证明，DA 的设计更简单，但性能却与 GA 相当甚至更好。

4.4　基于可微分锚框的检测器训练

4.4.1　L_p 范数球近似

虽然锚框形状预测分支以逐像元的方式预测锚框形状，然而只有少数 IoU 大于某一阈值的锚框对应的像元被视为正样本。与训练边框回归分支类似，训练锚框形状预测分支只需要优化这些正样本。然而，由于每个像元的最佳锚框形状未知，因此在实际中无法定位这些正样本。为了解决这个问题，本节使用最大 IoU 来探索正样本的位置分布。具体来说，给定不同面积和长宽比的标注框，对特征金字塔上的每一个像元枚举所有可能与标注框有较大 IoU 的锚框，并记录最大 IoU 大于某些阈值（如 0.5、0.6、0.7）的样本位置。图 4.3 展示了结果。从图中可以观察到：

（1）所有最大 IoU > 0.5 的正样本都分布在标注框中。

（2）正样本的位置分布具有明显的特点，呈现出菱形的形状。由于 L_p 范数球的形状与此形状非常相似，如图 4.4 所示，这启发我们使用 L_p 范数球近似策略（L_p norm ball approximation）来估计正样本的位置分布。

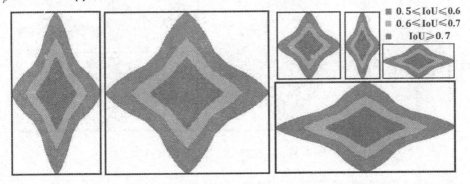

图 4.3　给定不同标注框与 IoU 阈值后，正例的位置分布情况

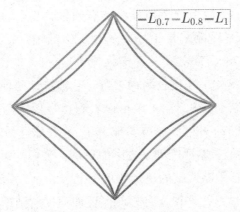

图 4.4　L_p 范数球形状可视化

具体来说，给定 IoU 阈值 τ 和标注框的坐标 $(g^{cx}, g^{cy}, g^w, g^h)$，如果第 (i, j) 个像元满足下列不等式，则此像元为正样本：

$$\left(\frac{2s_k\left(j-\left[\frac{g^{cx}}{s_k}\right]\right)}{g^w}\right)^p+\left(\frac{2s_k\left(j-\left[\frac{g^{cx}}{s_k}\right]\right)}{g^h}\right)^p\leq\frac{3(1-\tau)}{\tau+1} \qquad (4.2)$$

式中：s_k 为第 k 级金字塔的总步长（total stride）；$[\cdot]$ 为舍入操作（如 [1.3]=1，[1.6]=2）。本书根据实验结果发现 $p=0.8$ 的估计效果最佳。

图 4.5 展示了给定不同 IoU 阈值的 $L_{0.8}$ 范数球的估计边界。从图中可以看到，不等式（4.2）对于不同的 IoU 阈值都给出了很好的近似，涵盖了大多数正样本 $L_{0.8}$ 范数球估计边界内的像元被认为是正例。

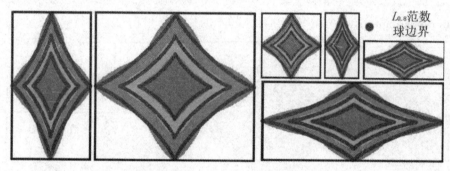

图 4.5 $L_{0.8}$ 范数球估计边界可视化

注：$L_{0.8}$ 范数球估计边界内的像元被认为是正例。

为了进一步验证 L_p 范数球近似策略的有效性，本节将其与 GA 中使用的采样策略进行比较。采样策略采样了一系列预定义的锚框，这些锚框有三种面积（32×32、64×64、128×128）和三种横纵比（$1:1$、$1:2$、$2:1$）。本节从两个方面（面积与横纵比）来比较两种策略，分别统计两种策略生成的正样本的数量。表 4.1 展示了结果。从表 4.1 中可以看到，当标注框的面积与采样的锚框面积比较接近时（如 32×32），采样策略和 L_p 范数球近似策略都获得了较好的结果，而 L_p 范数球近似策略匹配到了更多的正例；当标注框的面积与采样的锚框面积相距较远时，采样策略匹配的正例数迅速下降，而 L_p 范数球近似策略仍然具有稳定的性能。对于横纵比来说，有相似但更加明确的结论：当标注框的横纵比较大时，采样策略没有匹配到任何正样本，而 L_p 范数球近似策略仍然匹配 90% 以上的正样本。

表 4.1　使用不同标注框和 IoU 阈值下，采样策略和 L_p 范数球近似策略匹配到的正例数对比

策略名称	标注框大小	IoU 阈值				
		0.5	0.55	0.6	0.65	0.7
采样策略	32 × 32	91.6%	68.5%	76.1%	75.9%	85.9%
L_p 范数球近似策略	32 × 32	90.7%	92.1%	98.0%	97.0%	99.3%
采样策略	50 × 50	81.1%	56.6%	45.6%	23.7%	0.0%
L_p 范数球近似策略	50 × 50	92.5%	92.9%	95.9%	92.9%	94.3%
采样策略	96 × 96	72.3%	50.1%	46.2%	41.5%	36.5%
L_p 范数球近似策略	96 × 96	91.1%	93.3%	95.6%	94.7%	93.3%
采样策略	64 × 16	59.3%	0.0%	0.0%	0.0%	0.0%
L_p 范数球近似策略	64 × 16	91.8%	92.1%	95.1%	92.8%	97.8%
采样策略	88 × 11	0.0%	0.0%	0.0%	0.0%	0.0%
L_p 范数球近似策略	88 × 11	92.9%	96.6%	96.0%	96.9%	94.1%

注：为了方便比较，表中数据进行了归一化处理。

4.4.2　基于优化难度的金字塔层级分配

由于 L_p 范数球近似策略允许标注框匹配任意金字塔层级，所以需要将标注框分配到最优的金字塔层级来生成训练正例。从理论上讲，处于最优金字塔层级上的正样本应该有较小的优化难度。最近的研究表明，神经网络在训练时倾向于先学习简单样本[117]，这说明分类错误体现了优化难度。因此，本章提出基于优化难度的金字塔层级分配机制（optimization difficulty–based pyramid level assignment）。

首先使用正样本的平均分类误差 MC 作为第一个度量：

$$\mathrm{MC}(k) = \frac{1}{|\mathrm{pos}|} \sum_{j \in \mathrm{pos}} |1 - p_{k,j}| \tag{4.3}$$

式中：p_{kj} 为第 k 层金字塔的第 j 个像元预测为正例的概率；pos 为正例的索引集合；|pos| 为正例的个数。然而，由于网络的权重是随机初始化的，在训练的初期，分类误差不可靠。因此，这里将标注框的尺度作为另一个度量。具体来说，给定一个标注框 g，g 与第 k 层金字塔的匹配度 MD 定义为

$$\mathrm{MD}(k) = \frac{|g^w - l_k|}{l_k} + \frac{|g^h - l_k|}{l_k} \tag{4.4}$$

式中：l_k 为第 k 层特征金字塔的参考锚框边长。最终的损失函数 FL 为 MC 和 MD 的线性组合：

$$\mathrm{FL}(k) = \mathrm{MC}(k) + \alpha \mathrm{MD}(k) \tag{4.5}$$

给定 g，最优金字塔层级是 FL 最小的层级。本章所有的实验都将 α 设置为 1。图 4.6 展示了锚框形状分支生成正例的流程图。

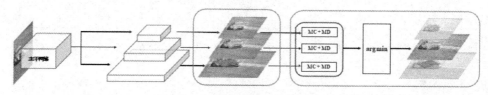

图 4.6　锚框形状分支生成正例的流程图

4.4.3　分类分支与边框回归分支的正例生成

本章使用学习的锚框来构建分类分支和边框回归分支的正样本。与 RetinaNet 的训练方式一致，在训练过程中，首先计算生成的锚框与标注框之间的 IoU，然后选择以下两种锚框对应的像元作为正样本：与标注框 IoU 最大的锚框对应的像元和 IoU 大于 0.6 的锚框对应的像元。对边框回归分支来说，当标注框为水平框时，采用式（4.6）来生成相对偏移量目标：

$$\left. \begin{array}{l} t_{ij}^{cx} = \dfrac{(g_j^{cx} - \alpha_i^{cx})}{\alpha_i^{cx}}, t_{ij}^{cy} = \dfrac{(g_j^{cy} - \alpha_i^{cy})}{\alpha_i^{cy}} \\[3mm] t_{ij}^{w} = \log\left(\dfrac{g_j^w}{\alpha_i^w}\right), t_{ij}^{h} = \log\left(\dfrac{g_j^h}{\alpha_i^h}\right) \end{array} \right\} \tag{4.6}$$

式中：a 和 g 分别为锚框和标注框；cx, cy, w 和 h 分别为中心横坐标、中心纵坐标、宽度和高度。对于遥感目标来说，由于地物往往不是水平或垂直放置的，因此标注框为带旋转方向的标注框。对于这种标注框，首先生成标注框对应的最小外接矩形作为新的标注框，然后使用新标注框来构建锚框形状预测分支和分类分支的

训练目标。在构建边框回归分支的正例时，使用带方向的标注框来生成相对锚框的偏移量目标并增加旋转角度的训练目标：

$$t_{ij}^{\theta} = g^{\theta} \tag{4.7}$$

4.4.4　损失函数构建

使用 L_p 范数球近似和基于优化难度的金字塔层级分配后，可以使用 IoU 损失来优化所选择正例的锚框形状。具体来说，给定一组标注框 g 和正样本生成的锚框 a 后，最大化如下函数：

$$\text{IoU}(a,g) = \frac{1}{|\text{pos}|}\sum_{i}\left(\max\frac{\text{Intersection}(a_i,g_j)}{\text{Union}(a_i,g_j)}\right) \tag{4.8}$$

式中：$\text{Intersection}(a_i, g_j)$ 和 $\text{Union}(a_i, g_j)$ 分别为第 i 个锚框与第 j 个标注框的交集面积与并集面积。IoU 损失有一个缺点：当锚框与标注框没有交集时，IoU 损失的梯度会消失。本章提出的方法很好地规避了 IoU 损失的这个缺点，因为所有的正样本都分布在标注框内，正样本与标注框总有交集。另外，如图 4.7 所示，IoU 损失在大部分情况下的最大值分布非常集中，这有利于网络找到最优参数。这个性质使模型可以较为宽松地初始化锚框形状。

最终的损失函数定义为

$$F = L_{\text{cls}} + L_{\text{loc}} - \text{IoU} \tag{4.9}$$

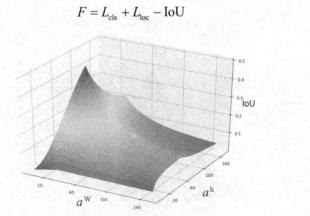

（a）标注框大小为 32×32

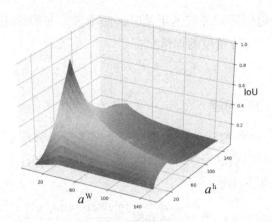

（b）标注框大小为 32×32

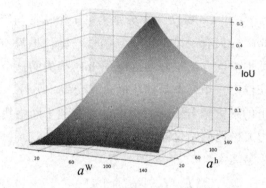

（c）标注框大小为 75×75

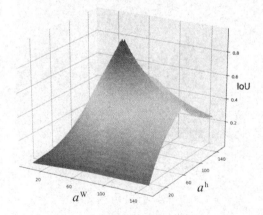

（d）标注框大小为 75×75

图 4.7　IoU 损失曲面示意图

注：x 轴与 y 轴分别为锚框的宽和长

式中：L_{cls} 和 L_{loc} 分别为分类损失（focal loss）和边界框回归损失（smooth–L_1 loss）：

$$L_{\text{cls}}(g, p) = \text{Focal Loss}(g, p)$$

$$L_{\text{loc}}(t, t^*) = \frac{1}{N_{\text{pos}}} \sum_{i,j} x_{ij} \text{SmoothL}_1(t_{ij}, t_{ij}^*) \tag{4.10}$$

式中：t 和 t^* 分别为目标偏移量和网络预测偏移量，且

$$x_{ij} = \begin{cases} 1, & a_i \text{ 与 } g_i \text{ 匹配} \\ 0, & \text{其他情况} \end{cases} \tag{4.11}$$

4.5　实验结果与分析

4.5.1　算法实现细节

本节将 DA 嵌入不同的检测器中，如 Faster R-CNN，RetinaNet 和 SSD，并在不同数据集上验证它们的效果。Faster R-CNN 和 RetinaNet 使用带 FPN 结构的 ResNet 作为其主干网络，而 SSD 使用 VGG 作为主干网络。Faster R-CNN 的锚框形状预测分支的 IoU 阈值被设置为 0.7，而 RetinaNet 和 SSD 的锚框形状预测分支的 IoU 阈值被设置为 0.6。Faster R-CNN 和 RetinaNet 使用学习率为 0.01、动量（momentum）为 0.9 的随机梯度下降算法来优化模型，训练样本的总样本批次大小（total batchsize）为 32，样本分布在 4 个 GPU 上。训练轮数为 12 轮，并在第 8 轮和第 11 轮将学习率下降至原学习率的 1/10。SSD 使用学习率为 0.001、动量（momentum）为 0.9 的随机梯度下降算法来优化模型，训练样本的总样本批次大小为 32，并有 0.000 5 的参数衰减（weight decay）。模型共迭代 400 000 次，并在第 280 000 和第 360 000 次迭代时下降至原学习率的 10%。为了验证提出方法的通用性，本书在不同的数据集上使用相同的参数设置。

4.5.2　自然图像测试

数据集简介：本节使用 4 个自然图像数据集来测试算法，分别为 MS COCO 2017[118]、VOC 07+12[119]、WIDER FACE[120] 和 English2k-Word-Detection[121]。

MS COCO 是使用最广泛的通用目标检测数据集之一。它包含超过 200 000 张图像和 80 类目标。本书使用 train 数据集来进行训练，并在 test-dev 数据集上报

告结果。如果没有特殊说明，本书将输入图像在不改变横纵比的情况下调整为短边 800 的大小。

Pascal VOC 07+12 数据集包含有 20 类目标，包含 16 551 张训练图片和 4 952 张测试图片。本书使用训练图片进行训练，并使用测试图片来测试检测器的性能。如果没有特殊说明，本书将输入图像在不改变横纵比的情况下调整为短边 600 的大小。

WIDER FACE 是一个非常有挑战性的小脸数据集，共有 32 000 张图像和 393 000 个标注的人脸框。该数据集的人脸尺度、面部姿态变化较大，并有严重的面部遮挡。数据集中 40% 的图片为训练集，10% 的图片为验证集，50% 的图片为测试集。本书使用训练集来进行训练，并使用验证集来报告各个检测器的性能。根据检测任务的困难程度，验证集被分为三部分：容易、中等和困难。每部分均使用 IoU 阈值为 0.5 的类别平均精度（mAP）来测量检测器的性能。输入图像在不改变横纵比的情况下被调整为短边 800 的大小。

English2k-Word-Detection 数据集为英文单词检测的数据集，它包含 1 200 张训练图像和 515 张测试图像。由于标注框的横纵比变化较大，本书使用与横纵比相关的平均精度（AP）和平均召回率（AR）来衡量检测器的性能，如 $AP_{m:n}$ 和 $AR_{m:n}$ 分别代表满足 $m \leqslant$ 横纵比 $\leqslant n$ 的目标的 AP 和 AR。输入图像在不改变横纵比的情况下被调整为短边 500 的大小。

1. COCO 数据集结果对比

表 4.2 展示了 DA-Faster-RCNN、DA-RetinaNet 和 DA-SSD 与七种目标检测器在 MS COCO 数据集上的比较，这七种目标检测器分别为 Faster-RCNN[1]、GA-Faster-RCNN[5]、RetinaNet[4]、GA-RetinaNet[5]、SSD[2]、RefineDet[122] 和 FCOS[123]。从表 4.2 中可以看到，对于 mAP 指标，DA-Faster-RCNN 与 Faster R-CNN 相比提高了 2.8%，并且达到了与 GA-Faster-RCNN 相当的结果。当使用 ResNet50 作为主干网络时，DA-RetinaNet 的性能最好，较 RetinaNet、GA-RetinaNet 和 FCOS 分别高出 2.1%、0.8% 和 0.8% 的 mAP。当使用 ResXt101-32x4d 作为主干网络时，DA-RetinaNet 达到了 41.0 mAP，与使用相同主干网络的 RetinaNet 相比高了 1.6%。当使用 VGG16 作为主干网络时，DA-SSD300 和 DA-SSD512 比 SSD300 和 SSD512 高出 2.3% 的 mAP。

表 4.2　MS COCO 2017 test-dev 集上的结果对比（粗体代表最优结果）

方法名称	主干网络	图像尺寸	$AP_{0.5:0.95}$	$AP_{0.5}$	$AP_{0.75}$	AP_S	AP_M	AP_L	AR_1	AR_{10}	AR_{100}	AR_S	AR_M	AR_L
Faster-RCNN	Res50	800	37.1	59.1	40.1	21.3	39.8	46.5	30.9	49.5	52.2	33.6	55.9	65.1
GA-Faster-RCNN	Res50	800	39.8	59.2	43.5	21.8	**42.6**	50.7	**33.6**	53.8	56.8	36.8	**60.7**	**72.1**
DA-Faster-RCNN	Res50	800	**39.9**	**59.5**	**43.7**	**21.8**	42.5	**51.1**	33.5	**54.1**	**57.1**	**36.9**	**61.2**	**72.4**
FCOS	Res50	800	37.2	56.8	39.6	20.4	39.8	47.0	31.9	51.4	54.5	33.7	58.7	69.9
RetinaNet	Res50	800	35.9	55.4	38.8	19.4	38.9	46.5	31.1	49.8	53.2	32.7	56.9	68.2
GA-RetinaNet	Res50	800	37.2	57.0	39.9	20.1	39.9	48.1	31.7	50.4	53.4	32.6	57.4	69.0
DA-RetinaNet	Res50	800	**38.0**	**57.9**	**41.0**	**20.6**	**41.1**	**48.2**	**32.3**	**51.4**	**54.5**	**34.0**	58.6	69.6
RefineDet	Res101	512	36.4	57.5	39.5	16.6	39.9	51.4	30.6	49.0	53.0	30.0	58.2	70.3
RetinaNet	ResXt101-32x4d	800	39.4	60.2	42.3	22.5	42.8	49.8	33.0	52.3	55.7	35.2	59.9	70.7
DA-RetinaNet	ResXt101-32x4d	800	**41.0**	**61.0**	**44.1**	**23.7**	**44.0**	**51.5**	**33.8**	**54.1**	**57.3**	**37.3**	**61.2**	**72.4**

续　表

方法名称	主干网络	图像尺寸	$AP_{0.5:0.95}$	$AP_{0.5}$	$AP_{0.75}$	AP_S	AP_M	AP_L	AR_1	AR_{10}	AR_{100}	AR_S	AR_M	AR_L
SSD300	VGG16	300	25.1	43.1	25.8	6.6	25.9	41.1	23.7	35.1	37.2	11.2	40.4	58.4
DA-SSD300	VGG16	300	**27.4**	**46.1**	**28.3**	**8.1**	**29.7**	**42.2**	**25.2**	**37.4**	**38.9**	**13.0**	**43.5**	**58.9**
SSD512	VGG16	512	28.8	48.5	30.3	10.9	31.8	43.5	26.1	39.5	42.0	16.5	46.6	**60.8**
DA-SSD512	VGG16	512	**31.1**	**50.8**	**33.0**	**13.6**	**34.9**	43.3	**27.6**	**41.8**	**43.7**	**20.2**	**48.4**	60.5

　　表 4.3 展示了将锚框作为最终检测框的 AR。从表 4.3 中可以看出，本章提出的方法生成的锚框匹配到了更多的标注框，获得了最高的召回率。图 4.8 展示了 RetinaNet，GA–RetinaNet 和 DA–RetinaNet 的检测结果对比。DA–RetinaNet 有效地减少了误检测并检测到了更多难以检测的目标。

表 4.3　MS COCO 2017 验证集上不同方法的锚框召回率对比（粗体代表最优结果）

方法名称	主干网络	图像尺寸	AR_1	AR_{10}	AR_{100}	AR_S	AR_M	AR_L
RetinaNet	Res50	800	15	22.8	28	9.6	29.5	44.2
GA–RetinaNet	Res50	800	20.8	30.9	37.9	15.9	41.6	56.3
DA–RetinaNet	Res50	800	**21.5**	**31.7**	**38.8**	**17.2**	**42.2**	**57**

图 4.8　RetinaNet、GA–RetinaNet 和 DA–RetinaNet 在 COCO 数据集上的

检测结果可视化比较

2. VOC 数据集结果对比

　　表 4.4 展示了不同检测器在 VOC 07+12 上的结果。DA–SSD300 比 SSD300 提高了 1.3% 的 mAP，而 DA–SSD512 比 SSD512 提高了 1.1% 的 mAP。DA–RetinaNet 与 RetinaNet 和 GA–RetinaNet 相比，分别提高了 1.1% 和 0.7% 的 mAP。图 4.9 展示了学习到的锚框与手工设计的锚框对比。从图 4.9 中可以看出，学习到的锚框不仅匹配到了更多的物体，其形状也与物体形状更加匹配。

表 4.4 PASCAL VOC 2007 测试数据集上不同目标检测器的结果对比

方法名称	图像尺寸	mAP$_{0.5}$	aero	bike	bird	boat	bottle	bus	car	cat	chair	cow	table	dog	horse	mbike	person	plant	sheep	sofa	train	tv
Faster-RCNN	600	76.4	79.8	80.7	76.2	68.3	55.9	85.1	85.3	89.8	56.7	87.8	69.4	88.3	88.9	80.9	78.4	41.7	78.6	79.8	85.3	72
ION	600	75.6	79.2	83.1	77.6	65.6	54.9	85.4	85.1	87	54.4	80.6	73.8	85.3	82.2	82.2	74.4	47.1	75.8	72.7	84.2	80.4
RetinaNet	600	79.5	85.4	85.8	81.8	72.5	71	85.3	88.1	88.8	64.2	81.5	71.7	85.9	86.9	81.4	84	54.2	81.4	76.3	85.2	78.5
GA-RetinaNet	600	79.9	86.3	85.2	82.9	71.5	72.7	85.7	88.4	88.7	64.9	83.2	68.8	86.7	84.6	85.1	85.4	57.6	81.4	72.2	86.6	80.8
DA-RetinaNet	600	80.6	87.2	86.8	82	72.4	71	86.3	88.3	89.7	64.4	84.1	74	87.4	86.7	84.7	84.8	56.1	82.2	75.5	85.1	82.6
YOLOv2	544	76.8	76.9	85.1	76.3	63.8	46.8	83.6	83.4	91.4	56.4	84.8	77.3	88.5	88.2	83.5	77.2	50.3	80.2	81.2	86.6	75.3
SSD300	300	77.5	79.5	83.9	76.0	69.6	50.5	87.0	85.7	88.1	60.3	81.5	77.0	86.1	87.5	83.9	79.4	52.3	77.9	79.5	87.6	76.8
SSD512	512	79.5	87.6	87.5	79	74.9	61.8	88.1	88.7	87.8	64.9	86.9	70.2	86.3	87.8	85.6	78.3	52.6	78.7	77.3	87.3	77.2
DA-SSD300	300	78.8	85.1	85.2	76	72.9	56.2	86.8	87	88	63.6	84.6	75.4	85.7	87.5	84.8	80.1	54.2	82.2	78.2	86.1	76.5
DA-SSD512	512	80.6	88.5	85.9	81.5	75.5	64.9	88.2	88.6	88.8	67.4	88.1	75.5	86.8	87.3	82.7	82.1	55.3	81.3	77.6	85.8	79.9

图 4.9　SSD 和 DA-SSD 的锚框可视化对比

3. WIDER FACE 数据集结果对比

使用 WIDER FACE 数据集来验证本章提出的方法对于目标尺寸变化极大的数据的表现。将 DA-RetinaNet 与 RetinaNet、GA-RetinaNet 以及 5 个专为人脸检测设计的检测器（Faceness[124]、HR[125]、SSH[126]、SFD[127]、Zhu[128]）进行比较。所有的人脸检测器都是用了复杂的数据扩充策略，如随机上采样、光照变换和随机裁剪，而 DA-RetinaNet、RetinaNet 和 GA-RetinaNet 仅使用随机左右翻转作为数据扩充策略。

图 4.10 展示了不同方法在三部分验证集上的准确率 – 召回率（precision-recall，PR）曲线。DA-RetinaNet 获得了与所比较的最好的人脸检测器相当的结果。具体来说，DA-RetinaNet 的表现大幅超越了 RetinaNet，分别在简单、中等和困难的验证集上提高了 3.3%、4.9% 和 26.7% 的 mAP。与 GA-RetinaNet 相比，DA-RetinaNet 也获得了更好的结果，在简单、中等和困难的验证集上提高了 0.8%、1.5% 和 5% 的 mAP。DA-RetinaNet 甚至在简单和中等的验证集上比最好的人脸探测器性能更好，并在困难验证集上取得了与最优的人脸检测器相当的结果。这个实验证明了本章提出的方法对尺度变化的鲁棒性。

4. English2k-Word-Detection 数据集结果对比

接下来使用 English2k-Word-Detection 数据集来验证本章提出的方法对于

目标横纵比变化极大的数据的表现。本节将 DA–RetinaNet 与 RetinaNet 和 GA–RetinaNet 进行比较。为了测试算法的通用性，三种检测器的锚框设置与之前的实验一致。

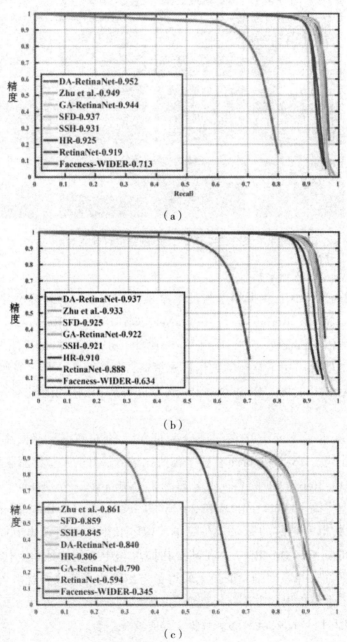

（a）

（b）

（c）

图 4.10　WIDER FACE 验证集上不同方法的准确率 – 召回率曲线对比

表 4.5 展示了检测结果。从表 4.5 中可以看出，DA–RetinaNet 的表现大幅超越了 RetinaNet，$AP_{0.5}$ 和 AR_{100} 分别提高了 31.3% 和 16.4%。由于固定锚框的离散特性，RetinaNet 的表现随着横纵比的增加快速下降，当横纵比大于 5 时，RetinaNet 完全失效，其 AP 和 AR 均为 0。相比之下，DA–RetinaNet 对不同的纵横比具有较强的鲁棒性，对各个横纵比都有稳定的表现。与 GA–RetinaNet 相比，DA–RetinaNet 增长了 2.1% 的 $AP_{0.5}$ 和 1.3% 的 AR_{100}。对于不同的横纵比来说，DA–RetinaNet 的 AP 和 AR 均超过了 GA–RetinaNet，最多提升了 14% 的 AP 和 16.7% 的 AR。图 4.11 展示了 DA–RetinaNet 与其他检测器的检测结果比较。从图 4.11 中可以看出，本章提出的方法可以检测到细长的文本并有效减少误检。该实验表明了本章提出的方法对横纵比变化的适应性。

表 4.5　不同方法在 English2k–Word–Detection 测试数据集的比较（粗体代表最优结果）

方法名称	$AP_{0.5}$	$AP_{3:4}$	$AP_{4:5}$	$AP_{5:6}$	$AP_{6:7}$	$AP_{7:8}$	$AP_{8:9}$	$AP_{9:10}$	AR_{100}	$AR_{3:4}$	$AR_{4:5}$	$AR_{5:6}$	$AR_{6:7}$	$AR_{7:8}$	$AR_{8:9}$	$AR_{9:10}$
RetinaNet	49.4	82.2	51.5	0.0	0.0	0.0	0.0	0.0	68.0	82.0	51.4	0.0	0.0	0.0	0.0	0.0
GA–RetinaNet	78.5	80.2	93.1	92.1	79.2	77.2	86.1	56.3	82.9	80.8	93.5	92.1	79.7	77.8	86.7	58.3
DA–RetinaNet	**80.7**	**82.2**	**93.1**	**92.1**	**82.2**	**81.2**	**93.1**	**70.3**	**84.4**	**82.5**	**93.5**	**92.8**	**82.4**	**81.5**	**93.3**	**75.0**

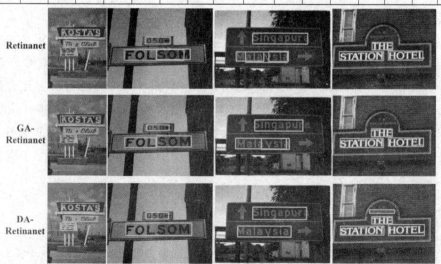

图 4.11　RetinaNet、GA–RetinaNet 和 DA–RetinaNet 在 English2k–Word–Detection

数据集上检测结果可视化对比

4.5.3 遥感图像测试

数据集介绍与实现细节：为了检验本章提出的方法对于遥感目标检测任务的有效性，本节使用 DOTA 数据集[129] 来测试 DA-RetinaNet。DOTA 数据集是目前最大的遥感目标检测数据集，包含 2 806 张遥感图像。图像尺寸从 800×800 到 4 000×4 000 不等。数据集包含 15 种地物，分别为小型车辆（SV）、大型车辆（LV）、棒球场（BD）、田径场（GTF）、网球场（TC）、篮球场（BC）、足球场（SBF）、环岛（RA）、游泳池（SP）、储水池（ST）、直升机（HC）、桥梁（BG）、港口（HB）、飞机（PA）、船舶（SH）。数据集共标注了 188 282 个地物，地物标注框有各种各样的面积、横纵比和方向变化。

本节使用与自然数据集相同的训练参数来训练 DA-RetinaNet。对 DOTA 数据集进行如下的数据扩充：首先将训练图像按 0.4 倍与 1 倍放缩，将测试图像按 0.5 倍与 1 倍放缩，然后将图像按 824 的步长裁剪为 1 024×1 024 的图像块，对于包含大于 400×400 大小的目标的图像块进行随机 4 个方向的旋转（0、$\pi/2$、π、$3\pi/2$）。经过数据扩充后，共生成 26 650 张图像块。在测试阶段，将测试图像按 512 的步长裁剪为 1 024×1 024 的图像块。

本节将 DA-RetinaNet 与 8 种性能优秀的遥感目标检测器做比较，它们分别为 FR-O[18]、RRPN[130]、R^2CNN[131]、B-DFPN[132]、Yang et al.[133]、ICN[134]、RolTransformer[135] 和 SCRDet[136]。

表 4.6 展示了不同方法在 DOTA 数据集上的性能对比。以 ResNet50 为主干网络，DA-RetinaNet 达到了 71.65 mAP，与使用 ResNet101 为主干网络的 SCRDet 的 mAP 相近。以 ResNet101 为主干网络，DRA-RetinaNet 在所有的对比方法中排名第一，达到 72.96 mAP。以 ResXt101 为主干网络，DA-RetinaNet 达到了 73.43 mAP。此外，本章提出的方法在高密度小物体检测中的表现得非常好。例如，与检测效果第二好的 RolTransformer 相比，DA-RetinaNet 将小型车类别的 mAP 提高了 11.3%。

表 4.6　不同方法在 DOTA 数据集上的性能对比

Method	Backbone	PA	BD	BG	GTF	SV	LV	SH	TC	BC	ST	SBF	RA	HB	SP	HC	mAP
FR–O	Res101	79.42	77.13	17.70	64.05	35.30	38.02	37.16	89.41	69.64	59.28	50.30	52.91	47.89	47.40	46.30	54.13
RRPN	Res101	80.94	65.75	35.34	67.44	59.92	50.91	55.81	90.67	66.92	72.39	55.06	52.23	55.14	53.35	48.22	60.01
R^2CNN	Res101	88.52	71.20	31.66	59.30	51.85	56.19	57.25	90.81	72.84	67.38	56.69	52.84	53.08	51.94	53.58	60.67
R–DFPN	Res101	80.92	65.82	33.77	58.94	55.77	50.94	54.78	90.33	66.34	68.66	48.73	51.76	55.10	51.32	35.88	57.94
Yang et.al	Res101	81.25	71.41	36.53	67.44	61.16	50.91	56.60	90.67	68.09	72.39	55.06	55.60	62.44	53.35	51.47	62.29
ICN	Res101	81.36	74.30	47.70	70.32	64.89	67.82	69.98	90.76	79.06	78.20	53.64	62.90	67.02	64.17	50.23	68.16
RoITrans	Res101	88.64	78.52	43.44	75.92	68.81	73.68	83.59	90.74	77.27	81.46	58.39	53.54	62.83	58.93	47.67	69.56
SCRDet	Res101	89.98	80.65	52.09	68.36	68.36	60.32	72.41	90.85	87.94	86.86	65.02	66.68	66.25	68.24	65.21	72.61
DA–Retina	Res50	87.68	70.54	41.03	73.26	80.11	76.09	86.61	90.51	82.96	84.76	63.2	64.48	65.05	60.99	47.45	71.65
DA–Retina	Res101	88.3	77.28	43.94	76.24	78.47	75.01	86.5	90.67	82.03	85.1	65.94	65.43	65.54	64.24	49.68	72.96
DA–Retina	ResXt101	88.54	75.02	45.66	77.57	79.26	77.41	87.41	90.29	83.09	85.7	65.1	66.52	65.38	65.93	48.52	73.43

图 4.12 展示了一些具有挑战性的图片的检测结果。从图 4.12 中可以看到，DA-RetinaNet 能够准确地检测细长物体、小物体和紧密排布的物体。

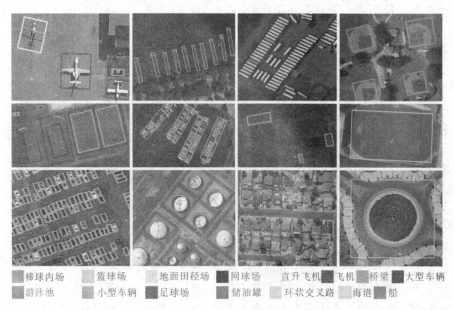

棒球内场　　　篮球场　　　地面田径场　　网球场　　　直升飞机　飞机　桥梁　　大型车辆
游泳池　　　　小型车辆　　　足球场　　　储油罐　　　环状交叉路　海港　船

图 4.12　DA-RetinaNet 在 DOTA 数据集上的检测结果可视化

4.5.4　消融实验

与 GA 相比，本章提出的方法去掉了锚框定位分支，本节通过实验来证明这个精简不会使检测器的性能下降。首先证明检测器对不同的锚框变换形式不敏感。GA 使用了如下的变换：

$$a^w = \tau \cdot s \cdot e^{d^w}, a^h = \tau \cdot s \cdot e^{d^h} \tag{4.12}$$

式中：s 为步长，$\tau = 8$ 为尺度因子。将变换（4.1）替换为变换（4.12）并重新在 COCO 数据集上训练 DA-RetinaNet 后，发现 mAP 保持不变，这说明锚框变换形式不会对最后结果产生影响。此时 DA 与 GA 的本质区别只有训练策略的不同。使用 GA 中使用的抽样策略对 DA-RetinaNet 进行重新训练后，DA-Retinanet 达到 37.3 mAP，比 GA-Retinanet 高出 0.1%。这个实验证明精简的结构不会使检测器的性能下降。

为了证明 L_p 范数球近似策略和基于优化难度的金字塔层级分配策略的有效性，本节构造了 DA-RetinaNet 的两个变体并使用 English2k-Word-Detection 数据集进行训练。为了进行公平的比较，所有模型均使用相同的参数设置。

为了验证 L_p 范数球近似策略的有效性，将此策略改为 GA 中的采样策略并对 RetinaNet 进行重新训练。表 4.7 展示了结果。移除 L_p 范数球近似策略后，极端横纵比的 AP 和 AR 大大降低，最大下降幅度可达 20.2% 和 20%。

表 4.7　L_p 范数球近似策略的有效性验证

方法名称	$AP_{0.5}$	$AP_{3:4}$	$AP_{4:5}$	$AP_{5:6}$	$AP_{6:7}$	$AP_{7:8}$	$AP_{8:9}$	$AP_{9:10}$	AR_{100}	$AR_{3:4}$	$AR_{4:5}$	$AR_{5:6}$	$AR_{6:7}$	$AR_{7:8}$	$AR_{8:9}$	$AR_{9:10}$
DA–RetinaNet– w/o–L_p	79.1	81.2	92.1	92.1	79.2	76.2	73.3	52.2	83.5	81.8	92.7	92.8	79.7	76.5	73.3	58.3
DA–RetinaNet	**80.7**	**82.2**	**93.1**	**92.1**	**82.2**	**77.2**	**93.1**	**70.3**	**84.4**	**82.5**	**93.1**	**92.8**	**82.4**	**77.8**	**93.3**	**75.0**

注：所用数据集为 English2k-Word-Detection，DA-RetinaNet- w/o-L_p 表示没有使用 L_p 范数球近似策略。

表 4.8 进一步展示了锚框的召回率结果对比。使用采样策略，DA–RetinaNet 的召回率对于极端横纵比的目标急剧下降，最高下降幅度达 26.7%。这个实验证明了 L_p 范数球近似策略的有效性。

表 4.8　English2k-Word-Detection 数据集上不同方法的锚框召回率对比

方法名称	AR_{100}	$AR_{3:4}$	$AR_{4:5}$	$AR_{5:6}$	$AR_{6:7}$	$AR_{7:8}$	$AR_{8:9}$	$AR_{9:10}$
DA–RetinaNet–w/o–L_p	79.8	79.8	91.4	91.4	76.7	75.1	60	32.4
DA–RetinaNet–w/o–op	81	80.4	91.8	90.6	74.3	59.3	33.3	12.4
DA–RetinaNet	**83.4**	**81.6**	**93.1**	**92.1**	**78.4**	**85.2**	**86.7**	**58.3**

注 DA-RetinaNet-w/o-L_p 表示不使用 L_p 范数球近似策略，DA-RetinaNet-w/o-op 表示不使用基于优化难度的金字塔层级分配策略。

为了验证基于优化难度的金字塔层级分配策略的有效性，本节将优化难度指标 MC 移除并对 RetinaNet 进行重新训练。表 4.9 展示了结果。去除优化难度指标后，AP 和 AR 均显著下降，最高下降幅度分别为 24.6% 和 25%。结合表 4.8 展示的锚框的召回率结果可以看出，没有优化难度指标的 DA–RetinaNet 模型的召回率显著下降，且召回率的下降幅度随着横纵比的增加而增加。这个实验证明了基于优化难度的金字塔层级分配策略的有效性。

表 4.9　基于优化难度的金字塔层级分配策略的有效性验证

方法名称	$AP_{0.5}$	$AP_{3:4}$	$AP_{4:5}$	$AP_{5:6}$	$AP_{6:7}$	$AP_{7:8}$	$AP_{8:9}$	$AP_{9:10}$	AR_{100}	$AR_{3:4}$	$AR_{4:5}$	$AR_{5:6}$	$AR_{6:7}$	$AR_{7:8}$	$AR_{8:9}$	$AR_{9:10}$
DA-RetinaNet-w/o-op	80.3	**83.2**	92.1	92.1	72.3	70.3	80.2	45.7	84.1	**83.2**	82.2	92.8	73.0	70.4	80.0	50.0
DA-RetinaNet	**80.7**	82.2	**93.1**	**92.1**	**82.2**	**77.2**	**93.1**	**70.3**	**84.4**	82.5	**93.1**	**92.8**	**82.4**	**77.8**	**93.3**	**75.0**

注：所用数据集为 English2k-Word-Detection，DA-RetinaNet-w/o-op 表示没有使用基于优化难度的金字塔层级分配策略。

表 4.10 给出了 DA-RetinaNet 与比较方法的运行时间对比。实验环境为单块 NVIDIA2080Ti 显卡、CUDA 10.0 和 cuDNN v7。样本批次大小为 1。由于本章提出的方法设计简单，因此 DA-RetinaNet 处理一张 512×672 大小的图像时间仅为 40.9 ms，比 GA-RetinaNet 的处理时间快 2.4 ms，显示出本章提出的算法在运行效率方面的优势。

表 4.10　不同目标检测器运行时间对比

方法名称	运行时间 /ms
RetinaNet	32.5
GA-RetinaNet	43.3
DA-RetinaNet	40.9

4.6　本章小结

本章针对现有目标检测器中手工设计的固定锚框无法很好地适应光学遥感图像中目标尺寸和横纵比变化巨大的缺点，提出可微分锚框机制，通过让目标检测器自适应地学习锚框来提高检测器的精度与自适应性。为了快速高效地训练提出的模型，本章提出包括 L_p 范数球近似和基于优化误差的金字塔层级分配机制的训练策略。本章提出的训练方法彻底摆脱了目标检测器对手工设计锚框的依赖，且具有较强的通用性和自适应性，可以无缝嵌入当前所有基于锚框的目标检测器中。不同场景下的自然图像和高分图像数据集的实验结果表明，本章提出的方法在不显著增加计算量的基础上可有效提升目标检测器的精度，具有较高的通用性和可迁移性。

第 5 章 基于注意力机制自编码器的高光谱波段选择

5.1 引　言

　　由于高光谱图像的光谱分辨率较高，相邻波段有较大的相关性，因此高光谱数据在光谱维有大量的冗余。冗余的信息不仅会造成后续的高光谱图像处理算法计算效率变低，还会使算法准确度下降。因此，需要使用光谱降维技术来降低高光谱图像的冗余。波段选择作为光谱数据降维的一类方法，由于具有较好的物理解释性，被研究人员与工业界广泛采用。因此，本章针对高光谱图像信息冗余的不足，研究基于深度学习的高光谱波段选择技术，以提高后续处理算法的效率。

　　如何量化光谱波段之间的相关性是波段选择的难点。由于高光谱的波段较多，成像环境复杂，光谱间常有复杂的相关性。然而，传统的波段选择算法大多只能衡量波段间简单的线性关系或非线性关系，因此选出的波段依然有较强的相关性。针对这一问题，本章利用基于注意力机制的自编码器来进行波段选择。具体来说，首先利用注意力机制对每个波段生成特征掩码，然后利用自编码器的特征压缩与重构能力对掩码后的光谱进行无损重建，最后使用聚类方法来对不同波段的特征掩码进行聚类，选取每一类中最具代表性的波段作为选择的波段。本章使用四个真实数据集来验证所提方法的有效性，并对算法进行了分析。

　　本章的编排如下：首先介绍自编码器与注意力机制的原理，然后介绍提出的模型，最后对提出的算法进行验证与分析。

5.2　自编码器与注意力机制简介

5.2.1　自编码器简介

自编码器（autoencoder）是一种无监督的深度学习模型，在不同领域都有非常广泛的应用。自编码器首先对输入的数据进行编码和压缩，再使用解码器将压缩后的编码重构出输入数据。由于输入和输出相等，自编码器不需要额外的监督信息即可进行训练。自编码器为一种非线性模型，它可以提取出输入数据中的全局非线性特征，因此它比主成分分析等线性降维方法更加灵活。

如图 5.1 所示，自编码器包含两个部分，分别为编码器和解码器。编码器将输入数据压缩为编码，此编码为低维向量，而解码器则将压缩编码解码重构为输入的数据。虽然编码器将数据投影到比输入维度低很多的空间，但由于压缩后的编码可以重构出原始数据，因此可以认为压缩后的编码信息损失很少，它基本包含了原始数据的所有信息。

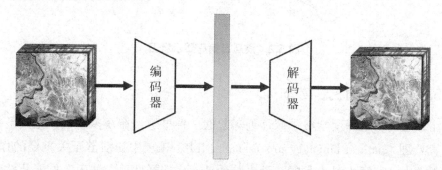

图 5.1　自编码器原理示意图

将自编码器构建好后，需要设定损失函数，通过反向传播算法对其进行训练，优化编码器和解码器的参数。图 5.2 展示了一种结构最简单的自编码器，它由两层神经网络组成，第一层与第二层均为全连接神经网络。每一层全连接层有两个参数，权重 $\boldsymbol{W}$ 和偏差 $\boldsymbol{b}$，将网络的输入记为 $\boldsymbol{x}$，自编码器的整个前向计算流程为

$$\boldsymbol{y}_1 = \delta\left(\boldsymbol{W}_1 \boldsymbol{x} + \boldsymbol{b}_1\right) \tag{5.1}$$

$$\boldsymbol{y}_2 = \delta\left(\boldsymbol{W}_2 \boldsymbol{y}_1 + \boldsymbol{b}_2\right) \tag{5.2}$$

式中：δ 为激活函数，根据使用场景可以选择为 Sigmoid、tanh、ReLU 和 ELU 等。y_1 的维度一般要小于 y_2 的维度，因此 y_1 压缩了原始数据。由于自编码器要求输出与输入尽可能相等，即 $y_2 \approx x$，因此可以使用 y_2 与 x 构建重构误差，通过优化此误差来训练自编码器。常用的优化算法有随机梯度下降（stochastic gradient descent，SGD）、Adam 算法和 Adagrad 算法等。当多层全连接层堆叠时，自编码器就变为深度自编码器，与浅层自编码器相比，深度自编码器可以获得输入数据的深层特征表达，对数据的全局特征表达能力更强。

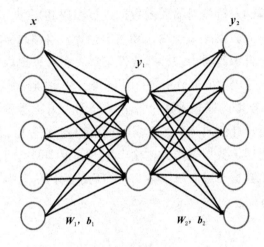

图 5.2　浅层自编码器示意图

5.2.2　注意力机制简介

注意力机制是深度学习领域最近兴起的一种思想，在众多领域，尤其是在自然语言处理（natural language processing，NLP）领域中扮演着至关重要的作用。在心理学中，注意力是人类的一种大脑活动，它选择性地专注于一件或几件事情而忽略其他事情。而在算法领域，神经网络被认为是一种以简化的方式模仿人类大脑活动的模型。在深层神经网络中，注意力机制也试图实现同样的功能，即有选择地专注于少数相关事物而忽略其他事物。Bahdanau 等人首次提出注意力机制模块并用在基于编码 – 解码的递归神经网络模型中[137]，随后注意力机制的变体被广泛应用到各个领域，包括计算机视觉[138] 和时间序列预测[139] 等问题，引起了学界极大的关注。

本节以神经机器翻译为例介绍注意力机制的原理。在注意力机制出现之前，神经机器翻译模型多基于编码 – 解码的循环神经网络（recurrent neural network，RNN）/ 长短期记忆网络（long short–term memory，LSTM）模型。这种模型通过堆叠 RNN/LSTM 模块来增加深度，增强其表达能力。模型的计算流程如下：在编码阶段，基于 LSTM 的编码器将输入序列编码为隐状态向量序列，此隐向量序列包含了输入的内容信息。在解码阶段，基于 LSTM 的解码器将隐状态向量序列末端的向量解码为输出，隐状态向量序列之前的信息全部被丢弃。显然，只通过最后一个隐状态向量很难对之前的序列做出全面精确的总结。因此，随着输入信息量的增加，基于编码 – 解码的模型的效果迅速下降。基于此，研究人员提出了基于注意力机制的编码 – 解码模型，对编码器所有的隐状态向量赋予不同的权重，通过加权和的形式生成最终的隐状态向量，并将此向量作为解码器的输入。

图 5.3 展示了使用注意力机制的解码器的计算流程。

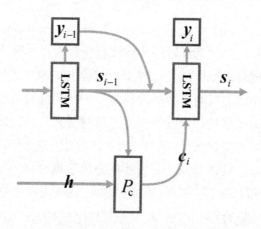

图 5.3　使用注意力机制的解码器的计算流程

注：其中 P_c 表示注意力机制模块。

假设 h_j 为编码器 j 时刻的输出，s_i 和 d_i 分别为解码器 i 时刻的隐状态和长时记忆，则

$$d_i, s_i = R(y_{i-1}, s_{i-1}, c_i) \tag{5.3}$$

式中：y_{i-1} 为 $i-1$ 时刻解码器的输出；R 为 LSTM 单元，c_i 为注意力机制模块的输出，其计算过程为

$$c_i = \sum_j \alpha_i^j h_j \tag{5.4}$$

$$\alpha_i^j = \frac{\exp\left(\tilde{l}_i^j\right)}{\sum_{k=1}^{N} \exp\left(l_i^k\right)} \tag{5.5}$$

$$l_i^j = \boldsymbol{v}^{\mathrm{T}} \tanh\left(\boldsymbol{W}s_{i-1} + \boldsymbol{U}h_j\right) \tag{5.6}$$

式中：$\boldsymbol{v}$，$\boldsymbol{W}$ 和 $\boldsymbol{U}$ 为注意力机制模块的可学习参数。式（5.4）～式（5.6）为注意力机制模块的计算过程。由计算过程可以看出，注意力机制通过非线性运算生成了一组权重系数 α_j，这组权重反映了每个隐状态向量的重要程度，隐性地进行了特征选择。因此，注意力机制有特征选择的作用。

5.3　基于注意力机制的自编码器

本节具体描述基于注意力机制的自编码器（attention-based autoencoder，AAE）的波段选择方法。其基本思想是将波段选择看作一种光谱重建任务，如果被选择的光谱可以重建出原始高光谱图像，则被选择的光谱包含原始高光谱图像的全部信息。由于注意力机制有特征选择的作用，因此可以使用注意力机制生成注意力掩码来对每条光谱进行波段选择，然后将选择的波段输入自编码器中重构出原始光谱。当自编码器训练完成后，使用生成的注意力掩码进行聚类即可得到最终选择的波段信息。具体来说，首先使用原始数据训练一个含有注意力模块的自编码器。完成模型训练后，提取注意力模块中的波段注意力掩码，这些掩码即代表了注意力模块选择的光谱信息。通过使用聚类算法来对生成的掩码进行聚类，每类中最具代表性的波段即为选择的波段。

整体流程如图 5.4 所示。

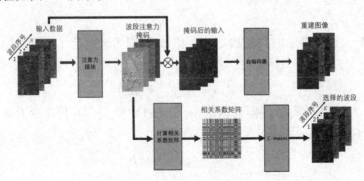

图 5.4　基于注意力机制自编码器的波段选择流程图

令 $X \in \mathbf{R}^{L \times N}$ 为原始的高光谱数据，包含 N 个波段和 L 个像元。本节旨在寻找一个稀疏的二值化掩码 $M \in \{0,1\}^{L \times N}$ 和一个映射 f，以使

$$X = f(X \circ M) \qquad (5.7)$$

式中：$\circ$ 为按元素相乘。如果方程（5.7）严格成立，则经过 M 选出的波段子集包含了所有的信息，因此它可以看成一个最优波段选择。M 是由注意力模块生成的。由于二值掩码不可导，这里将 M 松弛为实数级的掩码，即 $M \in [0,1]^{L \times N}$，M 中的所有元素为 $[0,1]$ 区间内的实数。经过松弛操作后，注意力模块可以被表示为一个非线性连续映射：$X \to [0,1]^{L \times N}$。

我们提出的注意力模块（attention module）为一个 5 层的全连接网络，其网络结构图如图 5.5 所示。

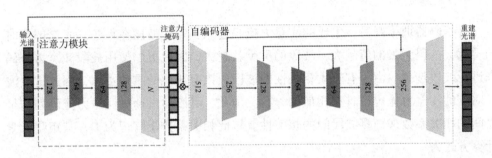

图 5.5　基于注意力机制的自编码器网络结构图

图 5.5 中，前 4 层全连接层使用 ELU 作为激活函数，而最后一层使用 Sigmoid 激活函数将输出的值压缩到 $[0,1]$ 区间内。在得到注意力掩码后，将它与原始高光谱图像按元素相乘，即可得到自编码器的输入。自编码器将经过掩码的高光谱图像进行重建，输出重建后的高光谱图像。本书使用带跳跃连接（skip connection）的自编码器（autoencoder）来作为映射 f。我们提出的自编码器为一个全连接网络，包含一个 4 层的编码器与一个 4 层的解码器，每层网络后接 ELU 激活函数，解码器的最后一层没有激活函数。为了增强梯度的流动性，将解码器的第 1、2、3 层分别与编码器的第 3、2、1 层进行跳跃连接。

网络模型构建好后，即可通过极小化目标损失函数 J 来优化模型参数：

$$J(\theta) = \frac{1}{2} \|f(X \circ M) - X\|^2 + \lambda \|M\|_{2,1} \qquad (5.8)$$

式中：θ 为模型参数；λ 为权重参数，用来平衡拟合项与正则项的相对重要程度，本章中的所有实验都将此参数设置为 0.001。$\|M\|_{2,1} = \sqrt{\sum_{i=1}^{n} \|M_{i,:}\|_1^2}$，此项用来提升

M 的行向量的稀疏度。本章使用学习率为 0.001、动量（momentum）参数为 0.9 的随机梯度下降法来训练模型，训练总轮数为 250 轮。批样本大小（batchsize）为 256。训练完成后，M 即可被用来进行波段选择。

因为全连接网络使用所有波段来获得注意力掩码，故本章提出的方法可全局捕捉到波段之间的依赖关系。与现有的波段选择方法不同，此方法是一种纯数据驱动的方法，它直接从训练数据中学习波段的全局相关性。因此，在给定足够数据的情况下，该方法具有更高的效率和灵活性。

5.4 基于波段注意力掩码聚类的波段选择

自编码器训练好后，生成的注意力掩码衡量了每个波段在重建高光谱图像时的贡献，掩码元素的值越大，波段的贡献就越大，因此可以使用波段注意力掩码来进行波段选择。由于有较大相关性的波段应该有相似的重建贡献，因此这些波段对应的注意力掩码也具有相似的分布。由此，可以通过衡量注意力掩码列向量之间的相关系数来衡量波段间的相关性。将此相关系数矩阵记为 D，其矩阵元素计算方式为

$$D_{ij} = \frac{M_{:,i} M_{:,j}}{\left\| M_{:,i} \right\|_2 \left\| M_{:,j} \right\|_2} \tag{5.9}$$

记 l_i 为 D 的第 i 行向量，它衡量了第 i 个波段与其他波段的相关性。由于相似的波段有相似的 l，因此可以使用 K-means 聚类算法将它们聚为 K 类，每类中具有最大方差的波段即为最具有代表性的波段。

从上述计算过程可以看出，对波段进行聚类的依据为相关系数矩阵行向量的相似度，相关系数矩阵是基于向量间的夹角余弦值计算的，而夹角余弦值衡量的是向量间的线性相关性，这似乎与基于线性相关性假设的传统方法差别不大。然而，需要强调的是，传统方法常常直接使用原始高光谱图像的波段信息进行相似度计算，而在本章提出的算法中，用来计算相关系数的对象为波段注意力掩码，这与传统方法有着本质的区别。图 5.6 对比了基于注意力掩码计算的相关性矩阵与基于原始高光谱图像计算的相关性矩阵。从图 5.6 中可以看到，与基于原始高光谱图像的相关性矩阵相比，基于注意力掩码的相关性矩阵有更加丰富的特征，不同行的相关系数依然有非常相似的形态，这说明本章所提出的方法捕捉到了全局的信息，降低了波段选择的难度。

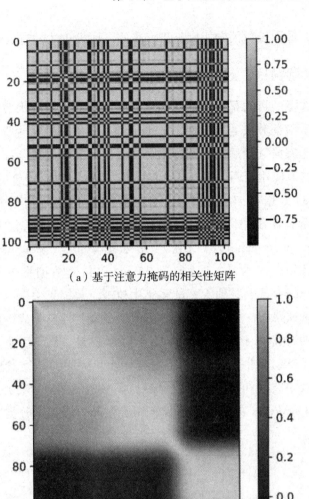

（a）基于注意力掩码的相关性矩阵

（b）基于原始高光谱图像的相关性矩阵

图 5.6　基于注意力掩码计算的相关性矩阵与基于原始高光谱图像计算的相关性矩阵可视化

5.5　实验结果与分析

本节通过实验来验证提出算法的有效性。为了能更好地验证本章所提出的算法，本节使用四个真实拍摄的高光谱图像作为测试集，且与多个性能优异的波段选择算法进行比对。本节首先介绍使用的实验数据与对比算法，然后从多个角度进行算法验证，最后进行消融实验来进一步验证所提算法的有效性。

5.5.1　实验数据、对比算法与评价指标介绍

由于波段选择的目的是提升后续应用算法的性能，因此本节选取光谱分类作为后续的应用来验证算法的有效性，这也是学术界用来验证波段选择有效性的通用做法。若经过波段选择后的训练样本可使分类器的精度显著提高，则本章提出的算法有效。本节使用了四个真实拍摄的数据集进行实验。它们分别为：

Indian Pines 数据集：Indian Pines 数据集拍摄于 1992 年，拍摄地点为第安纳州的西北部，使用的传感器为机载可见光红外成像光谱仪（airborne visible infrared imaging spectrometer，AVIRIS)。此数据集包含了 145 × 145 个像元和 224 个谱段，波段范围为 0.4 ~ 2.5 μm。Indian Pines 数据集包含三分之二的农作物、三分之一的森林或其他天然的多年生植被。数据集包含两条主要的双车道高速公路、一条铁路线、一些低密度的房屋，以及其他已建成的建筑和较小的道路。由于这张照片拍摄于 6 月份，一些作物如玉米、大豆都处于生长的早期阶段，覆盖率不足 5%。图中有 16 类地物被标注，标注的地物类型之间不是互斥的。将水蒸气吸收波段和噪声波段移除后，高光谱图像还剩 200 个波段。图 5.7（a）展示了 Indian Pines 的伪彩色图像，图 5.7（b）展示了分类地物的种类和标注样本个数。

（a）Indian Pines 数据集伪彩色图片

类别名称	样本数量	类别名称	样本数量
苜蓿	46	燕麦片	20
免耕玉米	1 428	免耕大豆	972
最低限度耕作玉米	830	最低限度耕作大豆	2 455
玉米	237	干净大豆	593
草场	483	小麦	205
草树	730	树林	1 265
割草场	28	建筑物 – 草木 – 树木驱动器	386
干草列	478	石钢塔	93

（b）标注样本统计

图 5.7　Indian Pines 数据集伪彩色图片与标注样本统计

Pavia University 数据集：Pavia University 数据集拍摄于 2002 年，拍摄地点为意大利北部的 Pavia 大学校园，使用的传感器为反射光学成像光谱仪（reflective optics system imaging spectrometer，ROSIS）。此数据集包含 610×610 个像元和 103 个波段，波段范围为 0.4 ~ 1 μm，空间分辨率为 1.3 m。由于数据集中存在一些无信息的像元，因此在进行训练前需要将这些像元丢弃。共有 8 类地物被标注。图 5.8（a）展示了 Pavia University 的伪彩色图像，图 5.8（b）展示了分类地物的种类和标注样本个数。

（a）Pavia University 数据集伪彩色图片

类别名称	样本数量	类别名称	样本数量
沥青	6 631	彩绘金属板	1 345
草地	18 649	裸露土壤	5 029
砂砾	2 099	柏油	1 330
树木	3 064	自锁砖	3 682

（b）标注样本统计

图 5.8　Pavia University 数据集伪彩色图片与标注样本统计

Salinas 数据集：Salinas 数据集拍摄于 1998 年，拍摄地点为加利福尼亚的 Salinas 峡谷，使用的传感器为 AVIRIS 传感器。此数据包含了 512×217 个像元和 224 波段，空间分辨率为 3.7 m。将水蒸气吸收波段和噪声波段移除后，高光谱图像还剩200个波段。图像中包含蔬菜、土壤和葡萄园。16类物体被标注。图5.9(a)展示了Salinas的伪彩色图像,图5.9(b)展示了分类地物的种类和标注样本个数。

(a) Salinas 数据集伪彩色图片

类别名称	样本数量	类别名称	样本数量
西兰花绿色杂草 1	2 009	土壤葡萄栽培	6 203
西兰花绿色杂草 2	3 726	玉米色的绿色杂草	3 278
休耕地	1 976	生菜长叶莴苣 4wk	1 068
小耕犁	1 394	生菜长叶莴苣 5wk	1 927
平整的休耕地	2 678	生菜长叶莴苣 6wk	916
残株	3 959	生菜长叶莴苣 7wk	1 070
芹菜	3 579	未经训练的葡萄园	7 268
未经训练的葡萄	11 271	葡萄园垂直框架	1 807

(b) 标注样本统计

图 5.9　Salinas 数据集伪彩色图片与标注样本统计

KSC 数据集:KSC 数据集拍摄于 1996 年 3 月 23 日,拍摄地点为佛罗里达州的 Kennedy Space Center(KSC)。使用的传感器为 AVIRIS 传感器。数据成像高度大概为 20 km,空间分辨率为 18 m。移除掉水蒸气吸收波段和低信噪比波段后,对剩下的 200 个波段进行波段选择。数据集的标注由 KSC 员工完成,共标注了 13 个类别,代表该环境中出现的各种土地覆盖类型。图 5.10(a)展示了 KSC 的伪彩色图像,图 5.10(b)展示了各个标注类别的标注个数信息。

样本类型	样本个数	样本类型	样本个数
土地覆盖类型1	761	土地覆盖类型8	431
土地覆盖类型2	243	土地覆盖类型9	520
土地覆盖类型3	256	土地覆盖类型10	404
土地覆盖类型4	252	土地覆盖类型11	419
土地覆盖类型5	161	土地覆盖类型12	503
土地覆盖类型6	229	土地覆盖类型13	927
土地覆盖类型7	105		

(a) KSC 数据集伪彩色图片　　　　　　(b) 标注样本统计

图 5.10　KSC 数据集伪彩色图片与标注样本统计

本节使用五种算法与本章提出的算法进行对比，分别为：

Uniform Band Selection（UBS）：基于固定波段间隔的波段选取方法；

Volume Gradient Band Selection（VGBS）：基于单纯形体积导数的波段选取方法；

Multi Task Sparsity Pursuit（MTSP）：基于稀疏特性的多任务学习的波段选取方法；

Enhanced Fast Density-Peak-based Clustering（E-FDPC））一种融合了排序与聚类思想的波段选取方法；

Ward's Linkage Strategy using Divergence（WaLuDi）：基于信息度量的波段选取方法。

本节使用基于高斯径向基函数的 SVM 和 KNN 作为分类器。所有实验随机选择每个类别 10% 的标注样本作为训练样本，剩下的 90% 样本作为测试样本。由于训练样本和测试样本均为随机采样，为了减小随机因素带来的影响，每一种波段选择方法都进行了 10 次重复实验并使用均值来作为最后的结果。

本节使用总分类准确率（Overall Accuracy，OA）曲线作为光谱分类的评价指标。OA 曲线衡量了总分类准确率与波段选择个数的关系，总分类准确率 F 的计算公式为

$$F = \frac{N_{\mathrm{p}}}{N_{\mathrm{t}}} \tag{5.10}$$

式中：N_{p} 为分类正确的个数；N_{t} 为测试总样本数。

5.5.2　实验结果分析

图 5.11（a）和 5.11（b）展示了不同波段选择算法在 IndianPines 数据集上的结果。从图中可以看出，基于注意力机制的自编码器（attention-based autoencoder，AAE）在 IndianPines 数据集上的表现最优，在使用不同的分类器的情况下都取得了最优的结果。在使用 SVM 为分类器的情况下，当选取的波段数较少（K = 5，10，15，20）时，AAE 大幅领先所对比的方法；当 K = 25 或 30 时，AAE 取得了与最优对比算法相当的结果。在使用 KNN 为分类器的情况下，AAE 均大幅领先对比算法。与 AAE 相比，对比算法在使用不同的分类器时的效果不稳定，如 WaLuDi 算法在使用 KNN 作为分类器时排名第二（K = 15，20），然而在使用 SVM 作为分类器时此算法仅排名第三。

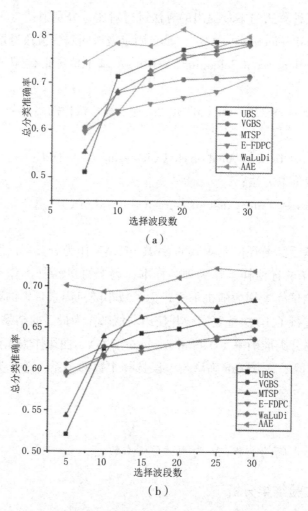

图 5.11　波段选择算法在 Indian-Pine 数据集上的 OA 曲线

图 5.12（a）和 5.12（b）展示了各个波段选择算法在 Pavia University 数据集上的结果。使用 SVM 为分类器，AAE 在选择波段数较少时表现良好，与对比算法相比 OA 均有提高；在选择波段数较多时，AAE 取得了与最优对比算法相当的结果。使用 KNN 为分类器，AAE 除了在选择波段数为 5 时与 MTSP 的表现相当，其他情况均大幅优于所有对比算法。对比算法在使用不同的分类器时的效果不稳定，如 MTSP 算法的结果有较大的波动，当使用 SVM 作为分类器时，MTSP 的表现最差，但当使用 KNN 为分类器时，MTSP 的表现优于 UBS 和 VGBS 算法。相比之下，AAE 的表现较为稳定。

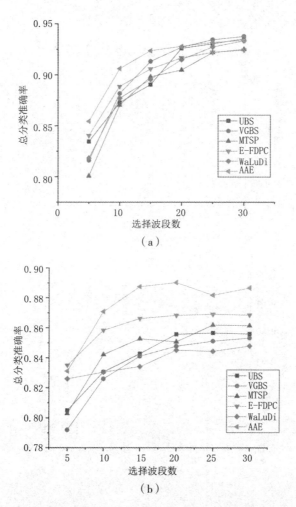

（a）

（b）

图 5.12　波段选择算法在 Pavia University 数据集上的 OA 曲线

图 5.13（a）和 5.13（b）展示了各个波段选择算法在 Salinas 数据集上的结果。与前两个数据集相比，Salinas 数据集在构成上相对简单，因此大部分算法都取得了比较好的结果。与其他算法相比，AAE 在使用 SVM 和 KNN 作为分类器的情况下都展示出了稳定的表现，其分类准确率与最优的对比算法相当。

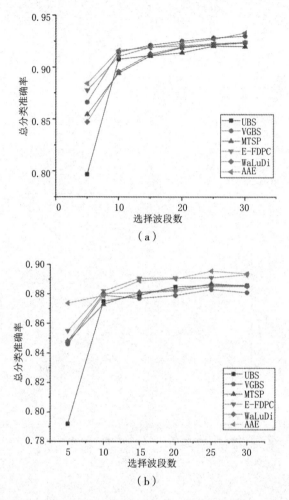

图 5.13　波段选择算法在 Salinas 数据集上的 OA 曲线

图 5.14（a）和 5.14（b）展示了各个波段选择算法在 KSC 数据集上的结果。与前三个数据集相比，KSC 数据集的噪声较大，可以用来检验算法对噪声的鲁棒性。从图 5.14 中可以看出，AAE 均大幅优于对比方法，说明 AAE 对噪声鲁棒。相比之下，VGBS 对噪声较为敏感，与其他对比算法相比，准确率较低。

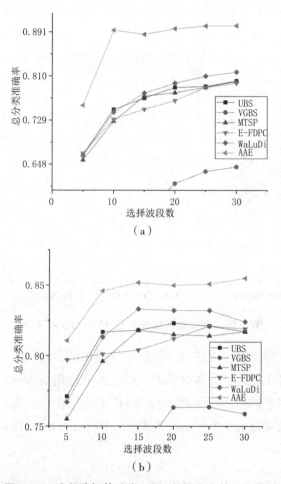

（a）

（b）

图 5.14　波段选择算法在 KSC 数据集上的 OA 曲线

图 5.15 展示了所有测试算法的 OA 沙箱图，使用的分类器为 SVM。由于 AAE 在 KSC 数据集上明显占优，因此这里只展示了 Indian Pine、Pavia University 和 Salinas 数据集的结果。从图 5.15 中可以看出，AAE 相较于其他算法获得了最好的均值和标准差，证明了本章所提方法的有效性。

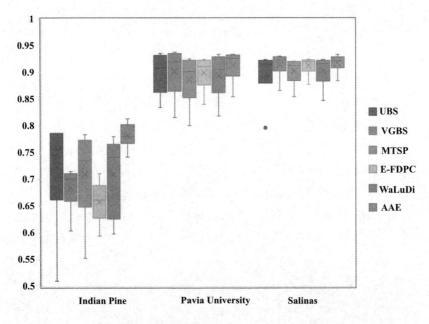

图 5.15　测试数据集基于 SVM 的 OA 对比图

　　本节使用统计假设检验来进一步检验本章提出的算法的有效性。由于分类准确率的分布可能相互独立且为非高斯的，因此本节使用 Student's t 检验，显著水平的阈值为 0.05。当阈值小于 0.05 时，AAE 不优于比较的方法的假设就可以被拒绝。假设检验结果如表 5.1 所示。从表 5.1 中可以看出，AAE 显著优于对比的算法。

表 5.1　AAE 与其他算法的统计检验结果

	UBS	VGBS	MTSP	E–FDPC	WaLuDi
AAE	1.7×10^{-5}	2.4×10^{-3}	5.4×10^{-3}	1.1×10^{-3}	2.9×10^{-3}

　　为了探索 AAE 对不同分类器的鲁棒性，本节进行了 McNemar's 假设检测。假设检验的无效假设（null hypothesis）为模型的对比结果不会受到分类器的影响，即若使用一种分类器，方法 A 比方法 B 有效，那么使用另外一个分类器，方法 A 依然比方法 B 有效。当显著阈值小于 0.05 时，无效假设就可以被拒绝。表 5.2 展示了结果。从表 5.2 中可以看出，统计的显著性远高于阈值，无效假设被接受，即 AAE 对不同分类器鲁棒。

表 5.2　McNemar's 假设检验结果

	UBS	VGBS	MTSP	E–FDPC	WaLuDi
AAE	0.5	0.22	1.0	0.25	1.0

5.5.3　消融实验

为了验证所提的注意力模块具有特征选择作用，本节进行消融实验，通过移除注意力模块来对比模型的性能。如图 5.16 所示，将模型中的注意力模块替换为一个全连接网络，此网络的输出与输入有相同的维度，并将此输出直接作为自编码器的输入，将此网络记为 AE–w/o–att。

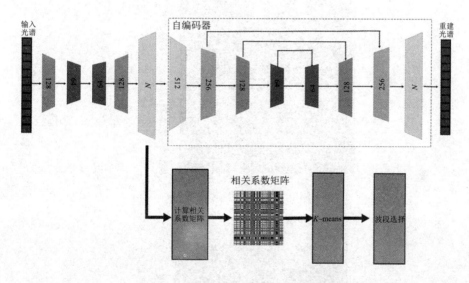

图 5.16　移除注意力模块后波段选择流程图

为了进一步探索注意力模块的性质，图 5.17 展示了原始高光谱图像和对应波段的注意力掩码。从图 5.17 中可以看出，虽然原始高光谱图像中有较大的噪声，但是对应的注意力掩码依然保留了大量的地物信息。另外，注意力掩码包含的信息比原始高光谱图像更有可区分性，这使相关系数矩阵的行向量有更明显的特征，大大降低了聚类的难度。

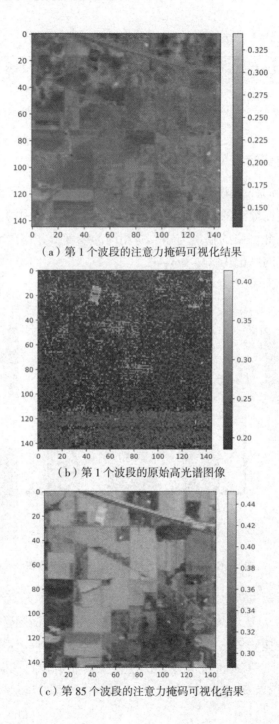

（a）第 1 个波段的注意力掩码可视化结果

（b）第 1 个波段的原始高光谱图像

（c）第 85 个波段的注意力掩码可视化结果

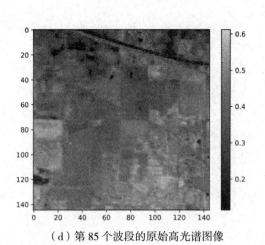

（d）第 85 个波段的原始高光谱图像

图 5.17　注意力掩码与对应波段的原始高光谱图像可视化

表 5.3 展示了在 Indian Pine 数据集上的对比结果。将注意力模块移除后，OA 显著降低，最高降幅达 10.56%。这个实验证明了注意力模块的有效性

表 5.3　注意力模块消融实验

选择的波段数	5	10	15	20	25	30
AE–w/o–att	0.636 7	0.754 9	0.757 7	0.764 2	0.760 6	0.717 4
AAE	0.742 3	0.783 4	0.777 8	0.813 4	0.776 1	0.799 0

注：本实验分类器为 SVM。

5.5.4　超参敏感性分析

除去选择波段数这个超参，本章所提出的模型仅有 λ 这一个超参。λ 控制了注意力掩码行向量的稀疏程度，λ 越大，注意力掩码的行向量越稀疏，对应的相关系数矩阵的特征越简单。图 5.18 展示了使用不同 λ 得到的相关系数矩阵，使用的数据集为 Indian Pines 数据集，选择的波段数为 15。从图 5.18 中可以看出，相关系数矩阵随着 λ 的减小而变得复杂。当 λ= 0.1，0.01，0.001 和 0 时，AAE 的 OA 分别为 73.89%，77.32%，78.34% 和 66.97%。因此，本章的所有实验都将 λ 设置为 0.001。

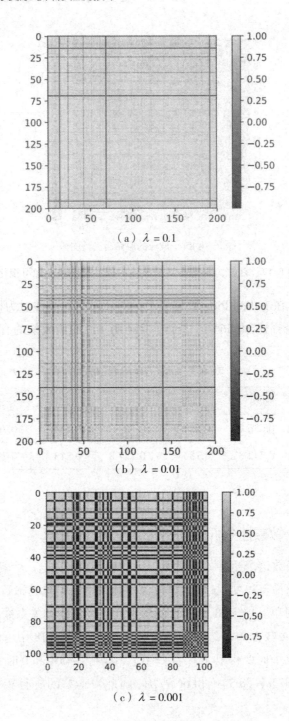

（a）$\lambda = 0.1$

（b）$\lambda = 0.01$

（c）$\lambda = 0.001$

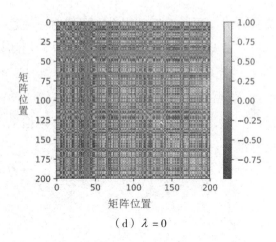

（d）$\lambda = 0$

图 5.18　使用不同 λ 得到的相关系数矩阵

5.5.5　运行时间对比

本节对不同算法的运行时间进行比较。所有模型均在相同的电脑上进行测试。由于 AAE 为基于深度学习的方法，因此使用 GPU 来训练和测试 AAE。表 5.4 展示了测试结果。从表 5.4 中可以看出，训练 AAE 需要较长的时间。然而，训练完成后，可以使用 AAE 在数据集上直接进行不同波段数的波段选择，无须重新训练。在推理阶段，AAE 的运行时间明显优于其他算法。

表 5.4　不同算法在 Indian Pine 数据集上运行时间的对比

AAE（训练）	AAE（推理）	UBS	VGBS	MTSP	E-FDPC	WaLuDi
332.1 s	0.05 s	N/A	0.32 s	16.72 s	0.12 s	1.89 s

5.6　本章小结

本章论述了高光谱图像光谱解混和目标探测前的预处理工作——波段选择。我们将波段选择看作一种光谱重建任务，若被选择的光谱可以重建出原始高光谱图像，则被选择的光谱就包含高光谱图像的所有信息。基于这个思想，我们使用基于注意力机制的自编码器来重构原始高光谱图像。首先使用注意力模块对光谱波段进行选择并生成注意力掩码，然后利用自编码器对由注意力掩码生成的部分光谱信息进行压缩，并在此基础上重建原始光谱图像。使用随机梯度下降对模型训练后，对生成的注意力掩码计算相似度矩阵，并对相似度矩阵的行向量使用 $K-$ 均值算法进行聚类。最后选出每类中最具有代表性的波段。多个真实高光谱图像数据集的实验结果表明，本章提出的方法可以很好地挖掘出波段间的复杂关系，可为后续高光谱解混和目标探测奠定基础。

第 6 章　基于正交稀疏先验自编码器的高光谱盲解混方法

6.1　引　　言

高光谱解混的目的是对高光谱进行分析，分离光谱中的亚像元信息，因此可以通过对端元丰度系数的提取，达到亚像元级目标识别的效果。由于在许多应用场景中很难获取到端元的准确光谱信息，因此高光谱盲解混相较于高光谱非盲解混有着更广泛的应用。本章以自编码器为框架，针对现有高光谱盲解混算法的不足，对高光谱盲解混技术进行改进，以提高高光谱盲解混技术的精度。

与图像盲复原类似，高光谱盲解混也是一个病态问题，因此寻找能够准确描述端元与丰度向量特点的先验知识是解决这个问题的关键。由于混合光谱往往由众多端元中的少数几种端元混合而成，因此丰度向量具有稀疏性的特点。现有的解混方法大都使用了稀疏先验，然而大多数稀疏先验并没有充分考虑到不同地物之间的联系，诱导出的稀疏性较弱。针对这一问题，本章提出了一种新的稀疏先验来增强丰度向量的稀疏性。另外，现有解混算法均假设重构误差服从高斯分布，然而由于真实场景的复杂性与重构光谱的低秩结构，这一假设往往不合理。针对这一问题，本章从实验的角度来探索真实场景下重构误差的真实分布，并由此提出了超拉普拉斯分布对重构误差进行建模。最后，由于传感器误差与真实场景的复杂性，异常光谱常常存在于高光谱图像中。由于高光谱解混是一个非凸问题，模型参数初始化会受到异常光谱的影响，阻碍盲解混算法收敛到较好的局部最优解。针对这一问题，本章提出了一种简单有效的异常光谱移除算法来移除高光谱图像中的异常光谱，以有效提升高光谱解混的精度。模拟数据集与真实数据集的实验结果表明，本章提出的算法解混精度较传统光谱解混算法可以提升 50% 以上。

本章的编排如下：首先引入基于正交稀疏先验的自编码器，然后介绍超拉普拉斯损失函数与异常光谱移除算法，最后对所提出的算法进行验证与分析。

6.2　基于正交稀疏先验的自编码器

令 $X = [x_1, \cdots, x_n] \in \mathbf{R}^{d \times n}$ 为高光谱数据集，包含 d 个波段和 n 个训练样本。高光谱盲解混旨在从 X 中同时得到端元矩阵 $W = [w_1, \cdots, w_n] \in \mathbf{R}^{d \times m}$ 和丰度矩阵 $H = [h_1, \cdots, h_n] \in \mathbf{R}^{m \times n}$，$m$ 为端元数量。由线性光谱混合公式可知，X 可以被 W 和 H 表达：

$$X = WH + \eta \tag{6.1}$$

式中：η 为重构误差。本章使用自编码器来对线性混合过程（6.1）进行建模，直接从原始高光谱图像 X 中提取 H 和 W。

如第 5 章所述，自编码器为一个神经网络，它将输入压缩并重构出与输入相等的输出。自编码器通常由两部分构成，第一部分为编码器，第二部分为解码器。在光谱盲解混中，自编码器将输入的光谱编码为丰度向量，而解码器将丰度向量解码为输入的光谱。本章提出的编码器为一个两层全连接网络。编码器的第一层后接 ReLU 激活函数，而第二层接 Batch Normalization（BN）操作。由于丰度向量具有非负性和"和为 1"性，因此在编码器的输出后接 Softmax 函数，使得编码器的输出满足丰度向量的性质。经过 Softmax 函数后的输出即为丰度向量。解码器为一层全连接网络，它的可学习参数为端元矩阵，网络后没有任何激活函数，图 6.1 展示了自编码器的网络结构。

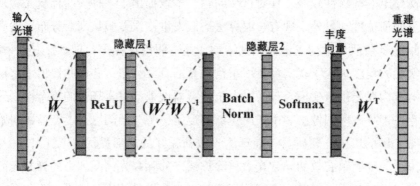

图 6.1　高光谱盲解混网络结构示意图

如引言所述，由于端元矩阵与丰度矩阵均未知，求解盲解混问题为一个高度病态问题，需要引入先验知识来缩小解空间。基于 $L_p (p \leq 1)$ 范数的稀疏先验为一个常用的先验，该先验假设丰度向量为稀疏向量，图像中的地物光谱是由端元库中的少量几种端元光谱混合而成，因此对于大部分端元来说，其丰度贡献为 0。基于 L_p 范数的稀疏先验为

$$L_p(\boldsymbol{h}_i) = \sum_j |h_{ij}|^p \tag{6.2}$$

式中：h_{ij} 为 $\boldsymbol{h}_i$ 中的第 j 个元素。最小化先验式（6.2）即可诱导出稀疏的 $\boldsymbol{h}_i$。然而，这种先验有一个潜在的假设：不同端元的丰度信息是相互独立的。为了证明这一点，本节从概率角度出发来推导基于 L_p 范数的稀疏先验。假设 h_{ij}（$j=1,\cdots,m$）相互独立，则 $\boldsymbol{h}_i$ 的概率密度函数 $P(\boldsymbol{h}_i)$ 可以被写为

$$P(\boldsymbol{h}_i) = \prod_j P(h_{ij}) \tag{6.3}$$

式中：$P(h_{ij})$ 服从拉普拉斯或超拉普拉斯分布，即 $P(h_{ij}) \propto \mathrm{e}^{-|h_{ij}|^p}$（$p \leqslant 1$）。对 P 取负对数，容易得出最大化概率密度函数（6.3）等价于最小化先验（6.2），反之亦然。因此，基于 L_p 范数的稀疏先验隐性地假设了不同地物之间的丰度信息是相互独立的。

也可以从数值计算的角度来证明这一假设。对先验（6.2）求 h_{ij} 的导数，可得：

$$\frac{\partial L_1}{\partial h_{ij}} = \frac{\mathrm{sgn}(h_{ij})}{h_{ij}^{1-p}} \tag{6.4}$$

式中：sgn 为符号函数。方程（6.4）说明 h_{ij} 的导数只依赖于自身，即它没有考虑丰度之间的联系。

为了解决这个问题，本节提出正交稀疏先验（orthogonal sparse prior，OSP）来挖掘不同端元的丰度图之间的关系。此先验基于如下的观察得到：由于丰度向量非常稀疏，向量中的非零丰度值的个数一般不超过两个，即一条混合谱线中比例排名前两名的端元占据了绝大部分的丰度份额（$\geqslant 90\%$），以至于其他端元的丰度份额可以被忽略。因此，任意两个端元的丰度图是接近正交的。

为了验证以上论述，本节使用三个有标注信息的数据集来验证正交稀疏先验的合理性。这三个数据集分别为 Urban、Jasper Ridge 和 Samson，数据集的具体信息将在实验部分被详细介绍。图 6.2 展示了在三个数据集上的统计直方图，直方图的横坐标表示混合光谱中排名前两名端元的丰度系数之和。和越大，前两名端元所占的比例就越大。从图 6.2 中可以看出，丰度系数之和大于 90% 的像元占了总数据集的绝大多数，在 Urban、Jasper Ridge 和 Samson 数据集中所占的比例分别为 80.6%，82.5% 和 92%，这有力地支持了本章所提出的先验。

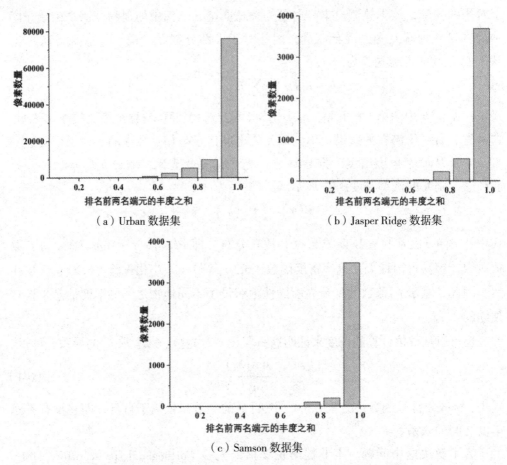

（a）Urban 数据集　　　　　　　　（b）Jasper Ridge 数据集

（c）Samson 数据集

图 6.2　排名前两名的丰度系数之和的统计直方图（区间间隔为 0.1）

图 6.3 展示了 Urban 数据集不同端元的丰度图像与它们的相关系数矩阵 $\boldsymbol{M}^{\mathrm{cor}}$。相关系数矩阵的计算公式为

$$\boldsymbol{M}_{ij}^{\mathrm{cor}} = \frac{\boldsymbol{H}_{i\cdot} \cdot \boldsymbol{H}_{j\cdot}}{\left\| \boldsymbol{H}_{i\cdot} \right\|_2 \left\| \boldsymbol{H}_{j\cdot} \right\|_2} \tag{6.5}$$

式中：$\boldsymbol{H}_{i\cdot}$ 表示 $\boldsymbol{H}$ 的第 i 行。从图 6.3 中可以看出，一个端元的丰度图像中比较亮的像元在其他端元的丰度图像中一般都比较暗，因此不同端元的丰度图像之间基本正交。相关系数矩阵基本为对角矩阵，这进一步支持了本章所提出的先验。

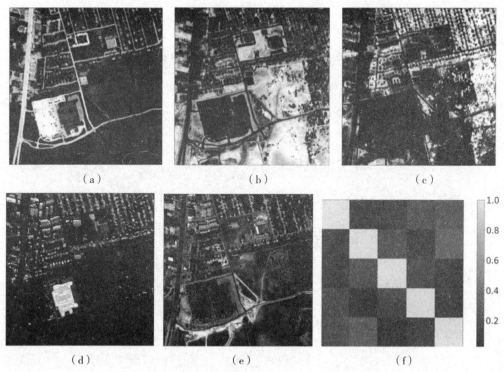

图 6.3　真实丰度图像与相关系数矩阵的可视化

注：(a) ～ (e) Urban 数据集的真实丰度图像；(f) 相关系数矩阵可视化。

　　现在正式引入正交稀疏先验的数学表达式。给定一个训练样本批次（training sample batch）的丰度图 $\boldsymbol{B} \in \mathbf{R}^{b \times m}$，$b$ 为批样本大小（batch size），m 为端元个数，则正交稀疏先验的表达式为

$$L_{\mathrm{OSP}}(\boldsymbol{B}) = \sum_{i<j} \frac{\boldsymbol{B}_{\cdot i} \cdot \boldsymbol{B}_{\cdot j}}{\left\| \boldsymbol{B}_{\cdot i} \right\|_2 \left\| \boldsymbol{B}_{\cdot j} \right\|_2} \tag{6.6}$$

式中：$\boldsymbol{B}_{\cdot i}$ 为 $\boldsymbol{B}$ 的第 i 列。由于 $\boldsymbol{B}_{ij}$ 的最小值为 0，因此 L_{OSP} 的最小值也为 0。与基于范数的稀疏先验相比，正交稀疏先验的假设更强，因此可以诱导出更稀疏的丰度向量。

6.3 超拉普拉斯损失函数

自编码器模型搭建完成后，即可构建损失函数进行训练。本章通过极小化如下目标函数来训练自编码器：

$$E = f(\boldsymbol{X}, \boldsymbol{R}) - \sum_i \log\left(\frac{\boldsymbol{R}_{\cdot i} \cdot \boldsymbol{X}_{\cdot i}}{\|\boldsymbol{R}_{\cdot i}\|_2 \|\boldsymbol{X}_{\cdot i}\|_2}\right) + \rho_1 L_{\text{OSP}}$$

$$+ \rho_2 \sum_i L_1(\boldsymbol{h}_i) - \rho_3 S(\boldsymbol{M}_{\boldsymbol{W}<0} \odot \boldsymbol{W}) + \rho_4 S(\boldsymbol{M}_{\boldsymbol{W}>1} \odot \boldsymbol{W}) \quad (6.7)$$

式中：$\boldsymbol{X}_{\cdot i}$ 为 $\boldsymbol{X}$ 第 i 列，$\boldsymbol{R} = \boldsymbol{WH}$，且

$$\left(\boldsymbol{M}_{\boldsymbol{W}<0}\right)_{ij} = \begin{cases} 1, & W_{ij} < 0 \\ 0, & \text{其他情况} \end{cases} \quad (6.8)$$

$$\left(\boldsymbol{M}_{\boldsymbol{W}>1}\right)_{ij} = \begin{cases} 1, & W_{ij} > 1 \\ 0, & \text{其他情况} \end{cases} \quad (6.9)$$

$$S(\boldsymbol{M}) = \sum_{ij} M_{ij} \quad (6.10)$$

式中：$\odot$ 为逐点乘法；ρ_1、ρ_2、ρ_3 和 ρ_4 为平衡系数。目标函数（6.7）右端第一项 f 为数据拟合项，第二项保证了重构光谱与输入光谱向量方向的一致性，第三项为正交稀疏先验，第四项为 L_1 范数稀疏先验，最后两项将端元矩阵的元素 W_{ij} 限制到 [0,1] 区间。

f 的具体函数形式与线性光谱混合模型（6.1）中的重构误差 η 有关。现有的基于能量函数最小化的盲解混方法通常假设 η 服从高斯分布，而基于高斯分布假设的极大似然估计等价于最小化均方误差（mean square error，MSE）。然而，由于现实场景的复杂性与线性混合模型的简化，重构误差的分布通常有长尾分布的特点，因此不服从高斯分布。图 6.4 展示了一个高光谱数据集和它的重构误差分布。从图 6.4 中可以看出，虽然重构误差分布的形状与高斯分布相似，但重构误差具有更长的拖尾分布的形状。

（a）测试的高光谱数据集

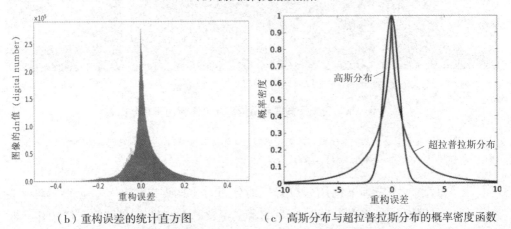

（b）重构误差的统计直方图　　　　（c）高斯分布与超拉普拉斯分布的概率密度函数

图 6.4　重构误差分布可视化

为了更好地理解这种现象，本节将具体说明重构误差有长尾分布特点的原因。首先，长尾分布来源于高光谱图像中的异常光谱。在真实场景中，由于阴影、大气散射、材料老化和额外光源的影响，获取到的高光谱图像更容易存在异常光谱。另外，由于线性光谱混合模型（6.1）为矩阵乘法，因此与原始高光谱图像相比，重构的高光谱图像有低秩的特点。具体来说，由于矩阵乘法性质，有 $\text{rank}(\boldsymbol{WH}) \leqslant \max(\text{rank}(\boldsymbol{W}), \text{rank}(\boldsymbol{H})) \leqslant m$，$m$ 为端元数量。相比之下，原始高光谱图像的秩相对较高，我们统计了 20 张真实光谱图像的秩，发现其秩根据图像地物的丰富程度通常在 10 到 50 之间。重构图像的低秩结构使它们与原始高光谱图像有很大不同。图 6.5 展示了 4 个波段的重构图像和对应波段的原始高光谱图像。从图 6.5 中可以看出，重构图像的特征与亮度与原始图像相比均有较大区别，这使重构误差分布有长尾的特点。

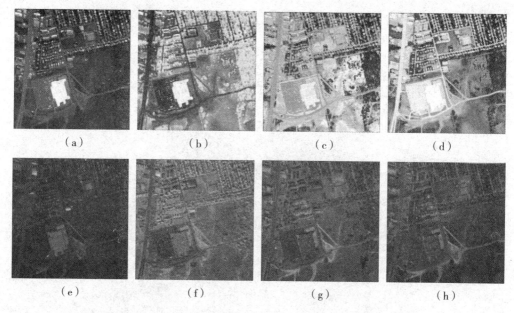

（a） （b） （c） （d）

（e） （f） （g） （h）

图 6.5　原始高光谱图像与重构高光谱图像的可视化比较

注：第一行：基于真实的端元矩阵与丰度矩阵重构的高光谱图像，四张图像分别对应于四个不同的波段；
第二行：原始高光谱图像对应四个波段的图像。

　　基于上述论述，本书使用超拉普拉斯分布对重构误差进行建模。图 6.4(c) 展示了超拉普拉斯分布与高斯分布的概率密度函数。与高斯分布相比，超拉普拉斯分布为长尾分布。超拉普拉斯分布的概率密度函数如下：

$$P(\boldsymbol{x}) \propto \mathrm{e}^{-k|\boldsymbol{x}|^{p}} \tag{6.11}$$

式中：$p \in [0.5, 1]$，k 为一个常数。最大化概率密度函数（6.11）等价于最小化 $\|\boldsymbol{x}\|_{p}^{p}$。因此，数据拟合项 f 的表达式为

$$f(\boldsymbol{X}, \boldsymbol{WH}) = \|\boldsymbol{X} - \boldsymbol{WH}\|_{p}^{p} \tag{6.12}$$

本书将式（6.12）命名为超拉普拉斯损失函数。因此，最终的目标函数 E 为

$$E = \|\boldsymbol{X} - \boldsymbol{R}\|_{p}^{p} - \sum_{i} \log\left(\frac{\boldsymbol{R}_{i} \cdot \boldsymbol{X}_{\cdot i}}{\|\boldsymbol{WH}_{\cdot i}\|_{2} \|\boldsymbol{X}_{\cdot i}\|_{2}}\right) + \rho_{1} L_{\mathrm{OSP}}$$
$$+ \rho_{2} \sum_{i} L_{1}(\boldsymbol{h}_{i}) - \rho_{3} S(\boldsymbol{M}_{W<0} \odot \boldsymbol{W}) + \rho_{4} S(\boldsymbol{M}_{W>1} \odot \boldsymbol{W}) \tag{6.13}$$

6.4　高光谱图像中异常光谱移除

由于目标函数 E 为非凸函数，因此自编码器的参数初始化对最后的结果至关重要。解码器的参数为端元矩阵，因此它的参数初始化需要在高光谱图像中寻找光谱作为参数初值。然而，由于原始高光谱图像中存在大量异常光谱，这些异常光谱会使端元矩阵初始化与真实值相差较远，严重影响算法的最终效果。因此，有必要在参数初始化前对异常光谱进行探测和移除，以保证端元矩阵的正常初始化。这里的异常光谱也包括高度混合的光谱。

本书观察到异常光谱经常与邻域的光谱有较大区别，高度混合的光谱也遵循这个规律，因为高度混合的光谱一般存在于地物之间的过渡区域。图 6.6 展示了一个例子：图中有两种地物，而两种地物过渡区域的光谱高度混合，它们也被认为是异常光谱。因此，可以通过衡量当前光谱与其邻域光谱的相似性来判断当前光谱是否为异常光谱，进而得到光谱相似性分布图，分布图中相似性较弱的区域很可能包含了异常光谱。

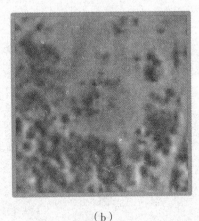

（a）　　　　　　　　　　　　　　　（b）

图 6.6　地物过渡区域示意图

具体来说，对于第 i 条光谱，它的相似性 d_i 可以被如下公式所估计：

$$d_i = \frac{1}{|N_i|} \sum_{j \in N_i} s_{ij} \tag{6.14}$$

式中：N_i 为第 i 条谱线的邻域，$|N_i|$ 为邻域内包含的光谱个数；s_{ij} 为第 i 条光谱与

第 j 条光谱的相似性度量。这里采用了高斯径向基函数来计算光谱相似度：

$$s_{ij} = e^{-\frac{\|x_i - x_j\|_2^2}{\sigma}} \qquad (6.15)$$

$\sigma = 0.005$ 控制了相似性分布图的对比度。图 6.7 展示了一幅相似性分布图与探测到的异常光谱区域，相似性分布图中较暗的区域表示较小的相似度。从图 6.7 中可以看到，检测出的异常光谱存在于地物过渡区域或者为孤立点，这很好地支持了本章提出的论述。

（a）Urban 数据集

（b）相似性分布图

（c）检测到的异常光谱

图 6.7　Urban 数据集的相似性分布图与检测到的异常光谱

得到相似性分布图后，就可以使用一个阈值 τ 将光谱分为正常光谱和异常光谱，小于阈值的光谱为异常光谱，大于阈值的光谱为正常光谱。参数初始化只使用正常光谱来进行端元矩阵初始化。本章中的所有实验都选取 $\tau = 0.5$ 并使用 DMaxD[140]法来对端元矩阵进行初始化。

完成解码器的参数初始化后，这里提出一种对编码器的参数初始化方法。其基本思想受到了最小二乘法闭合解的启发：给定端元矩阵 W 后，最小化 $\|X - WH\|_2^2$ 的解为

$$\mathbf{H} = \left(W^{\mathrm{T}}W\right)^{-1}W^{\mathrm{T}}X \qquad (6.16)$$

解（6.16）可以看成两个全连接层的堆叠，第一层的参数为 W，第二层的参数为 $\left(W^{\mathrm{T}}W\right)^{-1}$。本章使用这两个矩阵作为提出的编码器的参数初始化。

6.5　实验结果与分析

本节通过实验来验证提出的算法的有效性。为了更好地验证本章所研究的内容，本节使用模拟数据和真实数据来进行测试，且与多个效果领先的算法进行比较。本节首先介绍提出算法的实现细节、对比算法、实验数据集与评价指标，然后从多个角度进行算法验证，最后进行消融实验，讨论超参的敏感性并对比运行时间。

6.5.1　实验数据、对比算法与评价指标介绍

本章所提出的算法的实现平台为 PyTorch。为了更有效地验证算法，每个数据集都进行了 10 次重复实验，并记录了结果的均值和标准差。使用 Adam 优化器来优化提出的目标函数，学习率为 0.001，动量（momentum）为 0.9。训练样本批次大小为 256。$|M| = 8$，$p = 0.7$，$\rho_1 = 0.5$，$\rho_2 = 1$ 且 $\rho_3 = \rho_4 = 10$。对编码器与解码器交替训练，首先固定解码器的参数，训练 2 轮编码器，然后固定编码器的参数，训练 1 轮解码器，直至总轮数达到 40。

本节将所提出的算法与以下五种高光谱解混算法进行比较：

（1）Vertex Component Analysis (VCA)[38]。代码可从如下网址下载：http://www.lx.it.pt/~bioucas/code/demo_vca.zip。

（2）Piecewise Convex Multiple-Model Unmixing (PCOMM)[141]。代码可从如下网址下载：https://github.com/GatorSense/PCOMM。

（3）Multilinear unmixing model (MLM)[142]。代码可从如下网址下载：https://github.com/qw245/MLMp。

（4）Distance-MaxD (DMaxD)[1]：代码可从如下网址下载：https://sites.google.com/site/robheylenresearch/code/DMaxD.tgz?attredirects=0&d= 1。

（5）Autoencoder based unmixing (AEU) [52]：由于作者没有公开代码，因此本章复现了此算法。

我们使用的评价指标为光谱角距离（spectral angle distance，SAD）与均方根误差（root mean square error，RMSE），指标越小，盲解混的结果越好。

$$\mathrm{SAD}\left(\boldsymbol{w}_i, \boldsymbol{w}_j\right) = \arccos\left(\frac{\boldsymbol{w}_i \cdot \boldsymbol{w}_j}{\|\boldsymbol{w}_i\|_2 \|\boldsymbol{w}_j\|_2}\right) \tag{6.17}$$

$$RMSE(\boldsymbol{x}, \boldsymbol{y}) = \sqrt{\frac{1}{N}\|\boldsymbol{x} - \boldsymbol{y}\|_2^2} \tag{6.18}$$

本章采用了下列数据集进行对比实验：

（1）模拟数据集。模拟数据集由 60×60 个像元组成，包含四种端元：石灰岩（limestone）、玄武岩（basalt）、混凝土（concrete）和沥青（asphalt）。为了模拟真实场景下的光谱畸变效应，使用高斯混合模型来随机生成每种端元曲线。高斯混合模型的均值为 ASTER 光谱库中的光谱。四种端元占据了模拟高光谱图像的四个方形区域。本章使用了高斯模糊来模拟光谱混合效应，并对高光谱图像添加了方差为 0.001 的高斯白噪声。图 6.8 展示了端元谱线、高光谱数据集的伪彩色图像与真实的丰度图像。

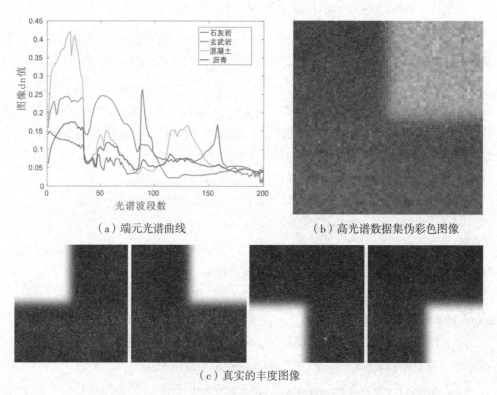

（a）端元光谱曲线　　　　　　　　（b）高光谱数据集伪彩色图像

（c）真实的丰度图像

图 6.8　高光谱图像模拟数据集

（2）Urban 数据集：尺寸 307×307 像元。为了移除水蒸气吸收与大气的影响，我们将第 $1 \sim 4$，76，87，$101 \sim 111$，$136 \sim 153$ 和 $198 \sim 210$ 波段移除。图像中共有五种端元：沥青（Asphalt，#1)，草地（Grass，#2)、林地（Tree，#3）、

屋顶（Roof，#4）和尘土（Dirt，#5）。图 6.9（a）展示了数据集的伪彩色图像。

（3）Samson 数据集。数据集由 SAMSON 传感器采集，包含了 156 个波段，波段范围为 0.4 ~ 0.9μm。为了方便实验，从数据集中截取了一个 95×95 的子图作为数据集。数据集中包含三种端元：石头（Rock，#1）、林地（Tree，#2）和水（Water，#3）。图 6.9（b）展示了数据集的伪彩色图像。

（4）Jasper Ridge 数据集。数据集由 AVIRIS 传感器采集，包含 100×100 个像元。将第 1 ~ 3，108 ~ 112，154 ~ 166 和 220 ~ 224 波段移除来移除水蒸气吸收与大气的影响。数据集中有四种端元：林地（Tree，#1）、水（Water，#2）、尘土（dirt，#3）和道路（Road，#4）。图 6.9（c）展示了数据集的伪彩色图像。

（4）Washington DC 数据集。数据集采自 Washington DC Mall，包含了 191 个波段，波段范围为 0.4 ~ 2.4 μm。为了方便实验，从数据集中截取了一个 256×256 的子图作为数据集。图中共有五种端元：土壤（Soil，#1）、草地（Grass，#2）、水和阴影（Water&Shadow，#3）、沥青（Asphalt，#4）和林地（Tree，#5）。图 6.9（d）展示了数据集的伪彩色图像。

 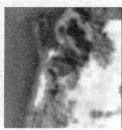 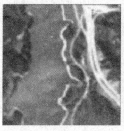 

（a）Urban　　　　　（b）Samson　　　　　（c）Jasper Ridge　　　　　（d）Washington DC

图 6.9　真实高光谱数据集的伪彩色图像

6.5.2　模拟数据实验

表 6.1 展示了六种方法的结果。表中包含了两个子表，分别展示了各个方法的 SAD 与 RMSE。子表格的一行表示一种端元的结果，最后一行展示了平均值。从表中可以看出，本章所提出的算法对于所有端元都取得了最好的结果，远远超过了所对比的方法。具体来说，在端元提取方面，本章所提出的算法相比于排名第二的 PCOMM 算法减少了几乎一倍的 SAD 误差。在丰度估计方面，本章提出的算法对于端元 #3 和端元 #4 的丰度的估计结果最好，RMSE 最低；对于端元 #1 和端元 #2 的丰度来说，本章提出的算法获得了与排名第二的算法相当的结果。

表 6.1　不同方法在模拟数据集的 SAD($\times10^{-2}$) 与 RMSE($\times10^{-2}$) 的结果

端元（SAD）	VCA	PCOMM	MLM	DMaxD	AEU	本章提出的算法
#1	6.96 ± 0.7	1.14 ± 0	6.75 ± 0	14.67 ± 0	1.25 ± 0.2	0.78 ± 0.1
#2	4.04 ± 0.1	0.27 ± 0	5.39 ± 0	8.48 ± 0	0.86 ± 0.1	0.79 ± 0.3
#3	5.5 ± 0.7	1.49 ± 0	10.36 ± 0	6.24 ± 0	0.97 ± 0.1	0.69 ± 0.1
#4	3.33 ± 0.3	3.16 ± 0	26.33 ± 0	28.8 ± 0	4.92 ± 0.8	1.3 ± 0.1
平均表现	4.96 ± 0.2	1.52 ± 0	12.21 ± 0	14.6 ± 0	2 ± 0.2	0.89 ± 0.1
丰度（RMSE）	VCA	PCOMM	MLM	DMaxD	AEU	本章提出的算法
#1	4.61 ± 1.2	27.76 ± 0	18.76 ± 0	24.4 ± 0	7.81 ± 2.2	4.91 ± 0.9
#2	3.17 ± 0.5	19.82 ± 0	10.31 ± 0	10.88 ± 0	8.44 ± 1.1	4.87 ± 0.9
#3	6.53 ± 0.5	25.24 ± 0	18.54 ± 0	23.08 ± 0	5.18 ± 0.9	4.04 ± 0.8
#4	17.6 ± 2.2	38.78 ± 0	31.67 ± 0	39.06 ± 0	17.11 ± 3.3	6.75 ± 0.4
平均表现	7.99 ± 0.4	27.9 ± 0	19.82 ± 0	24.36 ± 0	9.63 ± 1.7	5.14 ± 0.6

注：结果以均值和标准差的形式给出。

图 6.10 展示了六种方法估计出的丰度图与真实的丰度图。从图中可以看出，对比的算法混淆了一些端元，如 VCA 无法将端元 #4 较好地和其他端元分离，PCOMM、MLM 和 DMaxD 将端元 #1 和端元 #4 混淆，AEU 将端元 #2 和端元 #4

混淆。相比之下，本章提出的算法成功地分离了各个端元，估计的丰度图最接近原始丰度图。

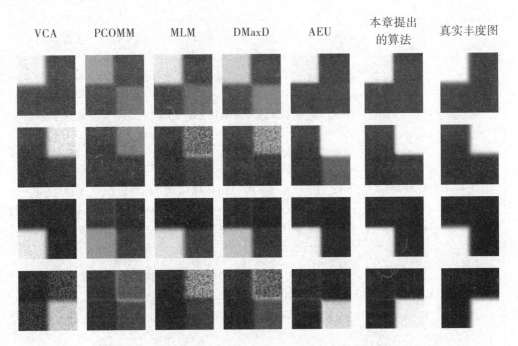

图 6.10　不同方法在模拟数据集上提取的丰度图与真实丰度图

注：从第一列到最后一列依次为 VCA、PCOMM、MLM、DMaxD、AEU、本章提出的算法与真实丰度图。从第一行到最后一行依次为石灰岩、玄武岩、混凝土和沥青。

6.5.3　真实数据实验

由于 Samson、Jasper Ridge 和 Urban 数据集具有标注信息，因此本节对这三个数据集进行定性与定量的比较。Washington DC 数据集没有标注信息，这里仅进行定性的比较。

表 6.2 展示了六种方法在 Urban 数据集上的结果。从表中可以看出，对于单个端元来说，本章提出的算法提取的端元最为精确，其 SAD 和 RMSE 相比于排名第二的算法最多减小了 65% 和 31.4%。就平均表现而言，本章提出的算法在所有对比算法中有着最好的表现，相较于排名第二的方法减小了 47.2% 的 SAD 和 24.5% 的 RMSE。

表 6.2 不同方法在 Urban 数据集的 SAD（ $\times 10^{-2}$ ）与 RMSE（ $\times 10^{-2}$ ）的结果

端元 （SAD）	VCA	PCOMM	MLM	DMaxD	AEU	本章提出的算法
#1	21.89 ± 3.2	11.35 ± 0	12.96 ± 0	14.8 ± 0	11.96 ± 4.1	8.11 ± 1.1
#2	38.91 ± 4.7	29.45 ± 0	33.31 ± 0	24.8 ± 0	25.14 ± 7.7	8.68 ± 1.1
#3	26.77 ± 8.1	10.32 ± 0	11.11 ± 0	5.38 ± 0	10.02 ± 2.4	6.15 ± 0.5
#4	77.69 ± 3.3	22.45 ± 0	15.03 ± 0	17.4 ± 0	9.20 ± 4.2	6.01 ± 1.3
#5	82.69 ± 2.3	8.12 ± 0	8.96 ± 0	16.6 ± 0	7.34 ± 1.8	5.17 ± 0.9
平均表现	49.59 ± 3.9	16.34 ± 0	16.28 ± 0	15.8 ± 0	12.93 ± 4.5	6.83 ± 1.7
丰度 （RMSE）	VCA	PCOMM	MLM	DMaxD	AEU	本章提出的算法
#1	31.34 ± 5.3	24.65 ± 0	32.09 ± 0	31.7 ± 0	23.96 ± 6.4	16.55 ± 2.1
#2	39.91 ± 5.2	29.52 ± 0	34.64 ± 0	31.1 ± 0	23.20 ± 3.6	15.91 ± 1.6
#3	28.89 ± 4.2	26.68 ± 0	27.33 ± 0	36.1 ± 0	18.25 ± 2.5	15.59 ± 2.3
#4	21.42 ± 2.5	25.27 ± 0	17.24 ± 0	21.5 ± 0	16.59 ± 4.6	10.43 ± 1.1
#5	31.52 ± 4.2	16.12 ± 0	18.81 ± 0	18.9 ± 0	14.12 ± 4.9	14.11 ± 1.1
平均表现	30.62 ± 3.9	24.45 ± 0	26.02 ± 0	27.9 ± 0	19.22 ± 4.7	14.52 ± 0.6

注：结果以均值和标准差的形式给出。

表 6.3 展示了六种方法在 Jasper Ridge 数据集上的结果。在端元提取方面，提出的算法对所有端元均取得了最好的结果，SAD 较排名第二的算法下降了一半。在丰度估计方面，本章提出的算法表现优秀，对端元 #1、#3 和 #4 的 RMSE 明显优于其他对比算法，并对端元 #2 取得了与排名第二的算法相当的结果。就平均

表现而言，本章提出的算法比排名第二的算法减小了 50.9% 的平均 RMSE。

表 6.3　不同方法在 Jasper Ridge 数据集的 SAD($\times10^{-2}$) 与 RMSE($\times10^{-2}$) 的结果

端元（SAD）	VCA	PCOMM	MLM	DMaxD	AEU	本章提出的算法
#1	68.87 ± 5.1	12.37 ± 0	9.16 ± 0	3.3 ± 0	8.41 ± 3.2	3.78 ± 0.8
#2	22.7 ± 0.9	6.1 ± 0	19.41 ± 0	25.43 ± 0	9.2 ± 3.1	4.63 ± 0.3
#3	24.08 ± 5.9	24.7 ± 0	11.44 ± 0	16.32 ± 0	12.02 ± 5.4	7.85 ± 3.7
#4	23.09 ± 3.4	21.82 ± 0	17.68 ± 0	5.64 ± 0	18.20 ± 6.7	2.88 ± 0.5
平均表现	34.69 ± 3.2	16.0 ± 0	14.42 ± 0	12.7 ± 0	11.95 ± 5	4.78 ± 1.9
丰度（RMSE）	VCA	PCOMM	MLM	DMaxD	AEU	本章提出的算法
#1	34.39 ± 3.45	23.45 ± 0	15.70 ± 0	19.33 ± 0	13.61 ± 3.4	5.86 ± 1.4
#2	19.4 ± 2.2	7.84 ± 0	15.71 ± 0	14.39 ± 0	8.52 ± 2.3	7.91 ± 1.8
#3	13.75 ± 1.2	21.02 ± 0	11.75 ± 0	21.27 ± 0	13.56 ± 3.7	7.58 ± 0.6
#4	21.6 ± 3.1	14.97 ± 0	8.77 ± 0	22.37 ± 0	22.31 ± 5.6	7.15 ± 0.8
平均表现	22.28 ± 2.3	16.82 ± 0	12.98 ± 0	15.5 ± 0	14.5 ± 4.2	7.12 ± 1.1

注：结果以均值和标准差的形式给出。

表 6.4 展示了六种方法在 Samson 数据集上的结果。AEU 和本章提出的算法

均取得优于其他算法的结果，这展示了自编码器在高光谱解混任务中良好的应用潜力。与 AEU 相比，本章提出的算法取得了更好的结果，其平均 SAD 与平均 RMSE 下降了 11.1% 和 12.1%。

表 6.4 不同方法在 Samson 数据集的 SAD($\times 10^{-2}$) 与 RMSE($\times 10^{-2}$) 的结果

端元（SAD）	VCA	PCOMM	MLM	DMaxD	AEU	本章提出的算法
#1	22.33 ± 3.1	3.13 ± 0	3.27 ± 0	4.04 ± 0	2.78 ± 1.5	0.72 ± 0.01
#2	4.96 ± 0.7	4.97 ± 0	5.65 ± 0	5.95 ± 0	4.44 ± 0.6	4.37 ± 0.4
#3	12.87 ± 0.4	16.87 ± 0	21.1 ± 0	78.79 ± 0	6.37 ± 1.2	5.22 ± 1.9
平均表现	13.39 ± 1.1	14.0 ± 0	10.0 ± 0	29.36 ± 0	3.86 ± 1.6	3.43 ± 0.8
丰度(RMSE)	VCA	PCOMM	MLM	DMaxD	AEU	本章提出的算法
#1	21.92 ± 6.3	19.69 ± 0	23.32 ± 0	25.42 ± 0	16.1 ± 1.9	13.19 ± 1.2
#2	29.64 ± 3.3	24.74 ± 0	28.28 ± 0	32.96 ± 0	13.43 ± 1.7	12.27 ± 1.3
#3	32.42 ± 0.6	24.17 ± 0	42.95 ± 0	40.43 ± 0	6.79 ± 0.8	6.48 ± 0.7
平均表现	19.66 ± 3.2	22.86 ± 0	31.52 ± 0	19.76 ± 0	12.11 ± 6.2	10.64 ± 1.1

注：结果以均值和标准差的形式给出。

图 6.11、图 6.12 和图 6.13 展示了不同方法估计出的丰度图和对应的真实丰度图。从图中可以看出，本章提出的算法对大部分端元都估计出了最精确的丰度图。具体来说，在 Urban 数据集上，本章提出的算法估计的丰度图最接近真实

丰度图，而其他方法不能完全分离出相似端元的丰度，草地和其他端元混合在一个丰度图中。在 Jasper Ridge 数据集上，与其他方法相比，本章提出的算法取得了最好的结果，而其他方法不能有效提取出某些端元。例如，VCA，PCOMM，DMaxD 和 AEU 混淆了道路和泥土，而 MLM 不能完全分离水和尘土。在 Samson 数据集上，VCA、MLM、PCOMM 和 DMaxD 等将水端元与其他端元混淆，而 AEU 和本章提出的算法都得到了令人满意的结果。与 AEU 相比，本章提出的方法的结果更接近真实丰度图。

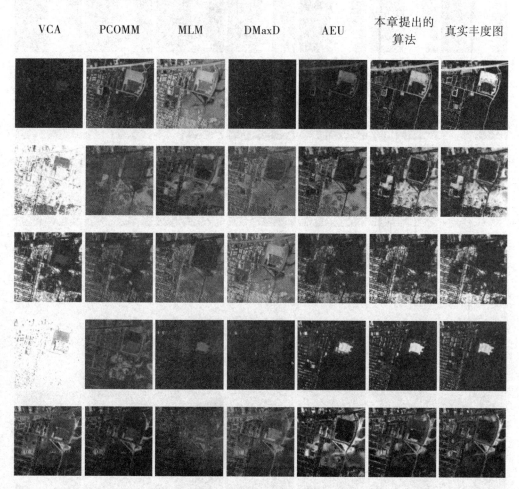

图 6.11　不同方法在 Urban 数据集上提取的丰度图与真实丰度图

注：从第一列到最后一列依次为 VCA、PCOMM、MLM、DMaxD、AEU、本章提出的算法与真实丰度图。从第一行到最后一行依次为沥青、草地、林地、屋顶和尘土。

VCA　　PCOMM　　MLM　　DMaxD　　AEU　　本章提出的算法　　真实丰度图

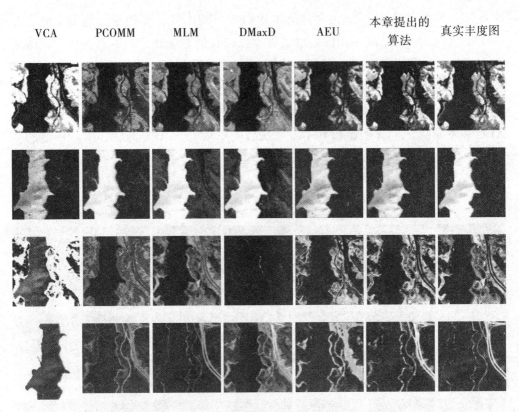

图 6.12　不同方法在 Jasper Ridge 数据集上提取的丰度图与真实丰度图

注：从第一列到最后一列依次为 VCA、PCOMM、MLM、DMaxD、AEU、本章提出的算法与真实丰度图。从第一行到最后一行依次为林地、水、尘土和道路。

VCA　　PCOMM　　MLM　　DMaxD　　AEU　　本章提出的算法　　真实丰度图

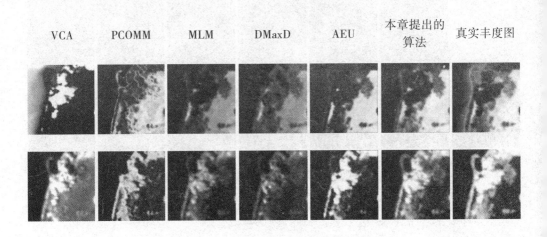

图 6.13　不同方法在 Samson 数据集上提取的丰度图与真实丰度图

注：从第一列到最后一列依次为 VCA、PCOMM、MLM、DMaxD、AEU、本章提出的算法与真实丰度图。从第一行到最后一行依次为石头、林地和水。

由于 Washington DC 数据集没有真实端元和丰度图，因此本节只给出定性比较。图 6.14 展示了所有方法提取的丰度图。从图中可以看出，VCA 将沥青和草地端元混合在了一起，而 PCOMM、MLM、DMaxD 和 AEU 不能将水、阴影和沥青完全分开。相比之下，本书提取的方法估计的丰度图最有区分性。

| VCA | PCOMM | MLM | DMaxD | AEU | 本章提出的算法 |

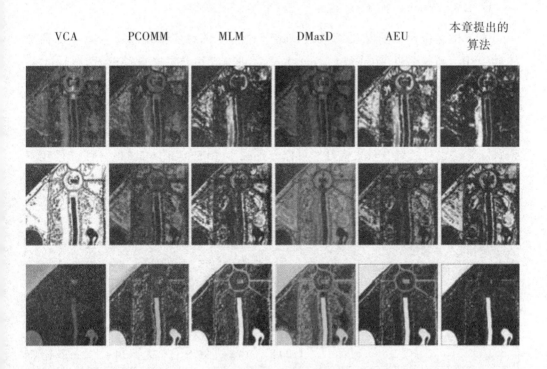

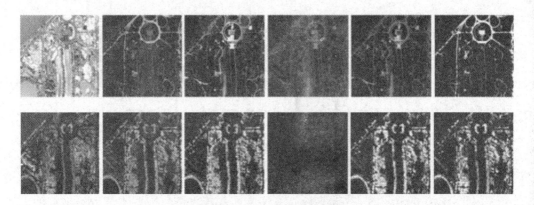

图 6.14 不同方法在 Washington DC 数据集上提取的丰度图与真实丰度图

注：从第一列到最后一列依次为 VCA、PCOMM、MLM、DMaxD、AEU 与本章提出的算法。从第一行到最后一行依次为土壤、草地、水与阴影、沥青和林地。

6.5.4 消融实验

为了检验提出的算法的有效性，本节进行了消融实验，通过移除正交稀疏先验 OSP、超拉普拉斯损失（hyper-laplace loss）和异常光谱移除算法（outlier removal）来验证其有效性。测试数据集为 Urban。表 6.5 展示了实验结果。从表中可以看到，正交稀疏先验对结果的提高最大，使用正交稀疏先验的模型的 SAD 比不使用正交稀疏先验的模型的 SAD 下降了 57.88%。超拉普拉斯损失和异常光谱移除算法也对结果有较大提升，可以分别减小 30.5% 和 16.2% 的 SAD。使用不同模块的组合会进一步提高模型性能，使用全部模块的模型的效果最佳。

表 6.5 各个模块的消融实验结果

正交稀疏约束	超拉普拉斯损失	异常光谱移除	#1	#2	#3	#4	#5	平均表现
			39.7	15.9	28.9	7.09	21.8	17.3
√			8.55	13.9	11.9	6.26	5.24	9.18
	√		20.8	14.2	19.5	6.72	14.4	15.1
		√	10.5	32.1	17.5	26.6	4.66	18.3
√	√		8.43	9.22	8.54	5.08	6.22	7.49

正交稀疏约束	超拉普拉斯损失	异常光谱移除	#1	#2	#3	#4	#5	平均表现
√		√	8.81	8.75	8.81	7.62	5.23	7.84
	√	√	13.3	10.7	17.1	3.18	14.2	11.7
√	√	√	8.11	8.68	6.15	6.01	5.17	6.83

注：使用的指标为 SAD($\times 10^{-2}$)。

为了更好地验证正交稀疏先验和超拉普拉斯损失的作用，图 6.15 展示了没有这两个模块的模型估计的丰度图像。图 6.15 的第一行展示了没有正交稀疏先验的丰度图像。由于正交稀疏先验的假设比范数稀疏先验的假设更强，因此使用正交稀疏先验的模型提取出的丰度图像更有区分性。图 6.15 的第二行展示了没有超拉普拉斯损失的结果。由于异常光谱的存在以及重构图像与原始图像的差异，均方误差损失容易受到这些因素的影响，最终使模型将一些端元混淆，提取出的丰度图变得模糊。相比之下，本章提出的超拉普拉斯分布对这些因素有较高的容忍度，因此获得了更好的结果。

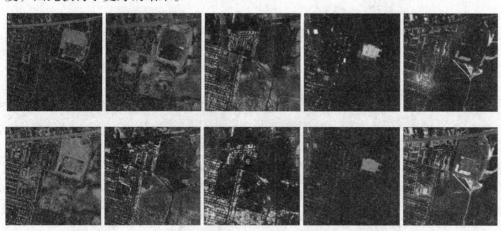

图 6.15 正交稀疏先验与超拉普拉斯损失的消融实验

注：第一行为未使用正交稀疏先验的丰度图；第二行为使用均方误差的丰度图；第三行为使用正交稀疏先验与超拉普拉斯损失的丰度图。

为了验证异常光谱移除算法的有效性，本节移除了这一过程并统计了模型结果。在使用模拟数据集来制作含有异常光谱的数据集时，首先随机选取模拟数据集中 1% 的光谱，然后将它们替换为高斯白噪声。图 6.16 展示了移除异常光谱移除模块的模型提取的端元误差箱图。使用异常光谱移除的解混方法比未使用异常光谱移除的解混方法的 SAD 更小，证明了异常光谱移除算法的有效性。

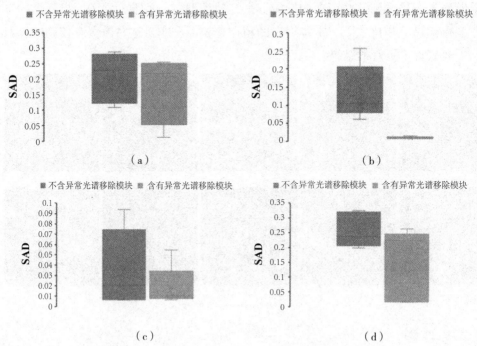

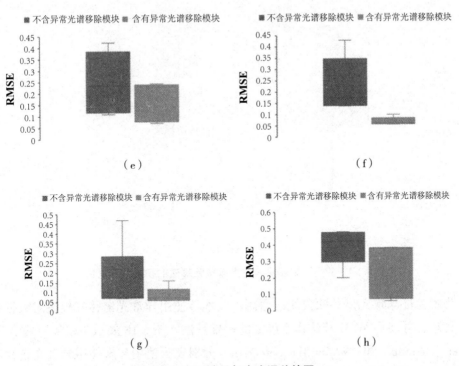

图 6.16　端元与丰度误差箱图

注：测试数据集为含有 1% 异常光谱的模拟高光谱图像。第一列到最后一列依次为石灰岩，玄武岩，混凝土和沥青。

图 6.17 展示了使用和未使用异常光谱移除模块的端元初始化结果。可以看到，未使用异常光谱移除模块的初始化端元含有大量异常光谱，而使用异常光谱移除模块的初始化端元非常接近真实端元。

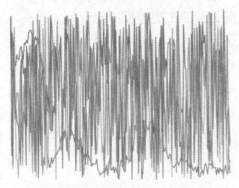

（a）未使用异常光谱移除算法的初始端元

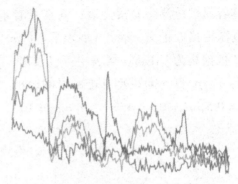

（b）使用异常光谱移除算法的初始端元

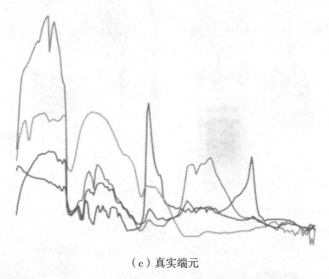

（c）真实端元

图 6.17　使用和未使用异常光谱移除算法的初始端元对比

为了验证异常光谱移除模块的通用性，本节使用异常光谱移除模块对数据集做预处理，并使用 MLM 算法作为解混的基础算法。图 6.18 展示了结果，其中"w outlier detection"和"w/o outlier detection"分别表示使用和未使用异常光谱移除模块的 MLM 解混算法。移除异常光谱移除模块后，SAD 上升了 27%，这证明异常光谱移除模块具有通用性。

6.5.5　超参敏感性分析

本章所提出的模型中共有 8 个超参，包括 $|N|, p, \sigma, \tau, \rho_1, \rho_2, \rho_3$ 和 ρ_4。在这些超参中，模型对 $|N|, p, \tau$ 和 ρ_1 较为敏感。p 控制着重构误差的长尾分布的形状，p 越小，分布的长尾效应越显著；τ 控制着异常光谱检测的敏感度，τ 越小，光谱越容易被检测为异常光谱；ρ_1 衡量着丰度图之间的正交程度，较大的 ρ_1 会使丰度图更接近正交。表 6.6 展示了不同 p，τ，ρ_1，ρ_2，ρ_3 和 ρ_4 的 SAD 的平均值，测试数据集为 Urban。从表中可以看出，p，τ，ρ_1 太小或太大都会导致性能下降，而 ρ_2，ρ_3 和 ρ_4 对模型性能的影响较小。因此本章的实验使用如下参数：$p = 0.7$，$\tau = 0.5$，$\rho_1 = 0.5$，$\rho_2 = 1$，$\rho_3 = \rho_4 = 10$。

表6.6　使用不同 p、τ、ρ_1、ρ_2、ρ_3 和 ρ_4 的平均 SAD($\times 10^{-2}$) 对比

p	0.5	0.6	0.7	0.8	0.9
SAD	8.43	7.89	6.83	7.98	8.31
τ	0	0.3	0.5	0.7	0.9
SAD	9.4	7.54	6.83	7.93	8.35
ρ_1	0.1	0.5	1	1.5	2
SAD	9.87	6.83	7.02	7.51	8.35
ρ_2	0.1	0.5	1	1.5	2
SAD	7.01	6.95	6.83	7.00	7.02
ρ_3	1	5	10	15	20
SAD	7.00	6.91	6.83	6.96	6.97
ρ_4	1	5	10	15	20
SAD	6.99	6.97	6.83	7.01	6.98

对于 $|N|$ 来说，从理论上讲，当一种端元占据一片较大的区域时，使用大的 $|N|$ 可能更适合检测异常光谱；然而，当多种端元分散并混合在一个区域时，使用小的 $|N|$ 是更好的选择。本节在两个数据集上比较使用不同的 $|N|$ 的模型的表现。具体来说，使用 8（3×3 窗口大小）、24（5×5 窗口大小）、48（7×7 窗口大小）和 80（9×9 窗口大小）作为 $|N|$ 的值。测试数据集为 Urban 和 Samson。图 6.19 展示了结果。使用 8 邻域的算法在两个数据集上都取得了较好的效果。图 6.20 展示了使用不同邻域计算的相似性分布图和检测到的异常光谱。从图中可以看出，随着 $|N|$ 的增大，相似性分布图变得模糊，更多的光谱被当作异常光谱。由于实际场景中端元分布较为复杂，使用大的 $|N|$ 可能会将一些端元光谱误检测为异常光谱。因此我们将 $|N|$ 设置为 8。

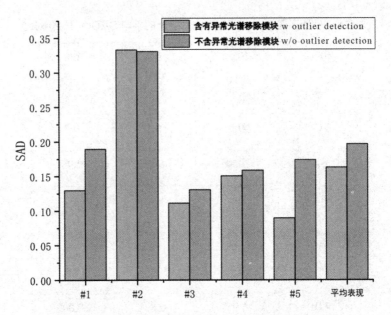

图 6.18　异常光谱移除模块结合 MLM 模型的效果对比

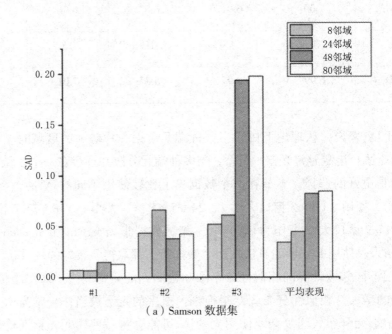

（a）Samson 数据集

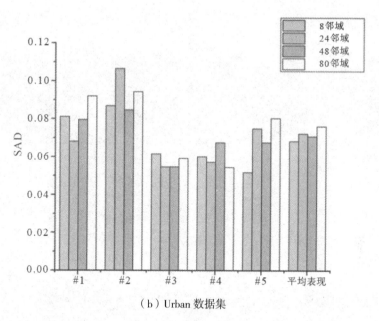

（b）Urban 数据集

图 6.19　使用不同邻域的检测结果比较

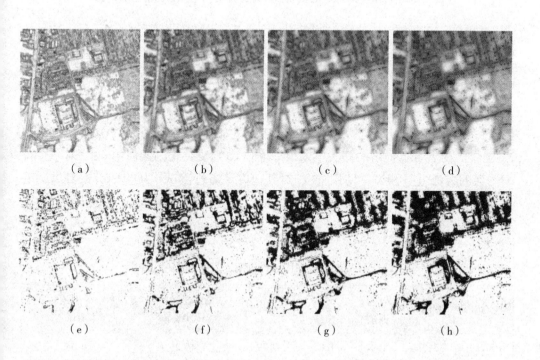

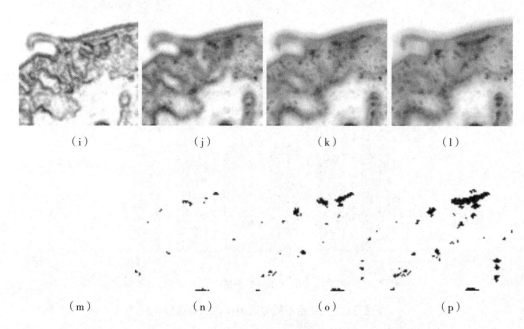

图 6.20　使用不同邻域的相似性分布图和检测的异常光谱分布对比

注：数据集为 Urban 和 Samson。从左到右分别为 8、24、48 和 80 邻域大小。(a) ～ (d) 和 (i) ～ (l) 为相似性分布图；(e) ～ (h) 和 (m) ～ (p) 为检测到的异常光谱。

6.5.6　运行时间对比

本节比较了所有测试方法的计算时间，结果如表 6.7 所示。所有的实验都在同一台 PC 上进行，PC 配置为 Intel i7 CPU、8GB 内存和显存为 12GB 的 TAITAN Xp 显卡。由于本章提出的算法可以很好地被 GPU 支持，因此使用 GPU 对基于自编码器的方法进行测试，使用 CPU 对其他方法进行测试。从表中可以看出，虽然基于自动编码器的方法需要一定时间来训练，但是当模型训练完成后，测试速度会明显快于对比的算法。

表 6.7　不同方法在 Urban 数据集上运行时间（s）对比

PCOMM	MLM	AEU（训练）	AEU（测试）	DmaxD	本章提出的方法（训练）	本章提出的方法（测试）
77.19	371.74	45.8	0.05	3.79	45.2	0.05

6.6　本章小结

本章在综合分析已有光谱盲解混算法不足的基础上，使用自编码器对光谱盲解混问题进行建模，并从三个方面进行了改进。首先，针对 L_p 范数稀疏先验没有考虑到丰度图像间相关性的缺点，提出正交稀疏先验来挖掘丰度图像之间的正交性。本章所提出的先验受到如下事实的启发：由于大部分混合光谱只含有一种或两种端元，因此不同端元的丰度图像接近于正交。其次，本章通过实验说明了光谱重构误差的分布形状有长尾分布的特点，并在此基础上提出使用超拉普拉斯分布来对重构误差进行建模。最后，提出一种数据驱动的方法来检测并移除高光谱图像中的异常光谱。不同类型、不同场景的高光谱图像数据集的实验结果表明，本章提出的方法能够有效地提升光谱解混精度，提取出更精确的端元光谱和丰度图像。

第7章 基于低秩稀疏分解孪生网络的高光谱目标探测方法

7.1 引 言

如 1.4 节所述，高光谱目标探测的目的是利用目标的先验光谱信息从测试光谱图像中探测特定的目标。目前大部分高光谱目标探测器仅使用线性或简单的非线性相关性（例如协方差矩阵或基于核函数的协方差矩阵）来测量目标光谱和测试光谱之间的相似性。然而，由于真实场景较为复杂，目标光谱和测试光谱之间通常存在复杂的相关性，不能用线性或简单的非线性相关性表示，这限制了目标探测器的通用性和鲁棒性。相比之下，深度学习能够自动抽取输入的全局特征，而孪生网络（siamese network）作为深度学习的一个分支，对成对的样本展示出了强大的特征抽取能力和相似度匹配能力。因此，本章以孪生网络为框架，充分挖掘光谱的全局信息，使探测器可以适应复杂的场景，提高探测器的精度。

由于传感器误差与真实场景的复杂性，真实场景下拍摄的高光谱图像常存在异常光谱。异常光谱的存在影响了目标探测器的稳定性，造成探测器的性能下降。针对这一问题，本章使用自编码器并结合低秩 – 稀疏分解来对测试光谱进行低秩重构，以降低异常光谱的影响。另外，由于深度学习模型含有大量参数，训练基于深度学习的高光谱目标探测器需要大量的数据，而目标的先验光谱往往仅有一条或几条，如何使用少量的数据来训练目标探测器是一个难题。针对这个问题，本章提出了一种数据扩充方法，使用线性光谱混合模型来生成带标签的训练样本。模拟数据集和真实数据集的实验结果表明，本章提出的算法优于传统方法。

本章内容安排如下：首先介绍基于低秩 – 稀疏分解的自编码器，然后介绍孪生神经网络和数据扩充方法，最后对所提出的算法进行验证与分析。

7.2　基于低秩 – 稀疏分解的自编码器

低秩 – 稀疏分解为对数据进行低秩结构和稀疏结构的分解。大多数基于稀疏表示的方法的目标为寻找一组数据的稀疏表达，这种思路在求解过程虽然注重了稀疏这种局部结构，但是忽略了全局的约束，因此算法不能寻找到数据的全局本质结构。而基于低秩表示的方法虽然可对数据添加低秩约束来体现数据的全局本质结构，但是低秩约束无法描述数据的局部结构，这制约了算法的性能。因此，低秩 – 稀疏分解在重构数据上同时体现了低秩和稀疏结构，可以有效地编码数据的全局和局部结构信息，如图 7.1 所示。

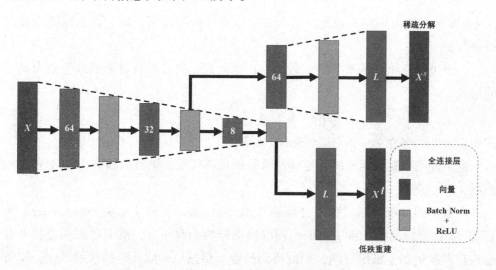

图 7.1　基于低秩 – 稀疏分解自编码器的网络结构

注：X, X^l 和 X^s 分别表示输入光谱、低秩重构和稀疏分量，L 为输入光谱的波段数。全连接层中的数字表示输出维度。

我们认为高光谱数据符合低秩 – 稀疏分解的假设，因为：

（1）高光谱图像包含有限多种地物，地物种类一般远远低于波段数。例如，Urban 数据集中包含 210 个波段，但只包含 6 种地物；Jasper Ridge 数据集包含 224 个波段，但只包含 4 种地物；Samson 数据集包含 156 个波段，但只包含 3 种地物。由线性混合公式可知，大部分光谱是端元光谱的线性混合，因此理论上讲，高光谱的秩不大于端元个数。另外，相似地物的光谱向量也较为相关，如草地与林地的光谱较为相似，这会使秩进一步降低。

（2）异常光谱一般孤立存在，相比于广阔的地物背景光谱，异常光谱经常稀疏地分布在高光谱图像中。异常光谱与正常光谱相比差异较大，它们一般不属于低秩空间，因此可以通过低秩–稀疏分解将异常光谱投影到低秩空间中，并分离出它的异常部分，以降低异常光谱对算法的影响。

基于低秩–稀疏分解的最经典模型为鲁棒主成分分析模型（robust principle component analysis，RPCA），RPCA 模型假设被噪声污染前的高维数据符合低秩结构，且噪声和异常点稀疏存在于数据中。RPCA 的目的是恢复数据的低秩结构并去除噪声和异常点，其目标函数为

$$\min_{X^l, X^s} \text{rank}(X^l) + \left\| X^s \right\|_0, \quad \text{s.t.} X = X^l + X^s \tag{7.1}$$

式中：X 为被噪声污染的数据，X^l 为具有低秩结构的数据，X^s 为具有稀疏结构的噪声数据。

由于极小化矩阵的秩和零范数为 NP 难问题，因此常将目标函数松弛为如下的形式：

$$\min_{X^l, X^s} \left\| X^l \right\|_* + \left\| X^s \right\|_1, \quad \text{s.t.} X = X^l + X^s \tag{7.2}$$

式中：$\| \cdot \|_*$ 为核范数，$\| \cdot \|_1$ 为矩阵 1 范数。

理论证明，只要矩阵的秩足够低且噪声足够稀疏，则目标函数（7.1）和目标函数（7.2）等价。

本节使用基于低秩–稀疏分解的自编码器（low-rank sparse autoencoder）来对 X^l 和 X^s 进行建模。由于自编码器的网络结构为漏斗形，模型在编码过程中将输入信息映射到了低维空间，因此得到的输出信息也天然具有低秩的结构。如图 7.1 所示，本章所提出的自编码器包含一个编码器和两个解码器。编码器包含三层全连接层，每一层全连接层后接 Batch Normalization 操作和 ReLU 激活函数，第一层到第三层的输出维度分别为 64、32 和 8。在第二层输出后引出第一个解码器，用来提取输入中的稀疏分量；在第三层的输出后引出第二个解码器，用来提取输入中的低秩分量。第一个解码器由两层全连接层级联，第一层全连接后接 Batch Normalization 操作和 ReLU 激活函数，输出维度为 32；第二层全连接直接输出结果。第二个解码器由一个全连接层组成，直接输出低秩重建的结果。稀疏解码器的输入维度比低秩解码器的输入维度高，这一设计可以使自编码器更好地将稀疏分量与低秩分量分离。本章使用 L_1 正则项来增强稀疏解码器的输出的稀疏

性。由于低秩解码器的输入维度为 8，而全连接层为矩阵乘法，由矩阵乘法的性质，低秩解码器的输出的秩不大于 8，因此低秩解码器的网络结构保证了其输出的低秩结构特征。在训练过程中，给定输入光谱批次 $\boldsymbol{X}_{\mathrm{b}}$ 后，优化的目标函数为

$$E_{\mathrm{auto}} = \left\| \boldsymbol{X}_{\mathrm{b}} - \boldsymbol{X}_{\mathrm{b}}^{l} - \boldsymbol{X}_{\mathrm{b}}^{s} \right\|_{F}^{2} + \left\| \boldsymbol{X}_{\mathrm{b}}^{s} \right\|_{1,1} \tag{7.3}$$

式中：$\| \cdot \|_{F}$ 为 Frobenius 范数。

图 7.2 展示了输入光谱和低秩重建光谱对比。从图中可以看出，在真实高光谱图像中，由于复杂环境因素等影响，同一种地物的光谱有着不同的形态，经过低秩 – 稀疏分解后，由低秩解码器重建的光谱减少了光谱的形态差异，这降低了后续目标探测特征提取的难度。

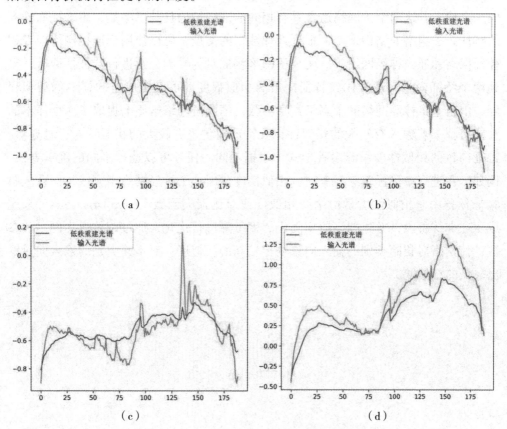

图 7.2　输入光谱与低秩重构光谱可视化对比

注：(a)、(b) 为同一种地物，(c)、(d) 为同一种地物

7.3 基于孪生神经网络的高光谱目标探测

孪生神经网络是一种特殊的网络结构，被广泛用于成对输入的相似度度量。孪生神经网络最早由 Bromley 等人 [143] 于 1993 年提出，用来解决签名验证的问题。随后，孪生神经网络被广泛应用于计算机视觉的各个领域，如人脸匹配、单目标跟踪和小样本图像分类等。

如图 7.3 所示，孪生神经网络通常由两个并行的子网络组成，每个子网络对应一个输入。这两个子网络通常具有相同的网络结构且共享参数，用来提取输入的特征。子网络的结构多变，根据处理数据的类型，可以使用全连接网络、卷积神经网络和递归神经网络等。两个子网络将成对的样本分别进行特征抽取后，得到两个特征向量，通过比较特征向量的相似程度即可度量成对的样本的相似程度。由于孪生神经网络的子网络共享参数，因此子网络本质上提取了两个样本的共同特征。若输入有较大的相似性，其特征向量也有较大的相似性，反之亦然。特征向量的相似性度量有多种形式，根据不同的任务可以选择不同的度量方式。例如，在进行单目标跟踪任务时，相似性度量由一个神经网络来完成，而在人脸验证任务中，相似性度量由余弦相似度或对比损失函数（contrastive loss）来完成。在训练阶段，孪生网络使用随机梯度下降进行优化，通过调整孪生网络的参数，使网络对相同类别的输入向量输出较高的相似度，对不同类别的输入向量输出较低的相似度。

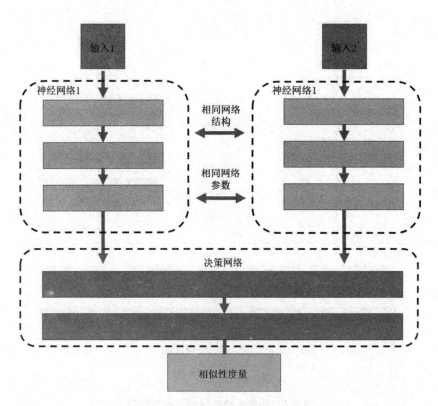

图 7.3　孪生神经网络结构示意图

　　孪生网络还有一种变种，被称为伪孪生网络（pseudo–siamese network）。如图 7.4 所示，伪孪生神经网络与孪生神经网络的结构类似，也具有两个子网络，但子网络的结构可以不同，权值也不共享。在进行训练时，两个分支各自训练并更新参数。当子网络结构一致且权值共享时，伪孪生网络就退化成孪生网络，因此孪生网络可以看成伪孪生网络的一个特例。相较于孪生网络，伪孪生网络更加灵活，模型参数选择更多，描述能力也更强，但是网络在训练中容易过拟合，学习到训练样本的非鲁棒特征。因此，本章采用权值共享的孪生网络来进行高光谱目标探测。

　　下面简单介绍一下本章使用的孪生网络。

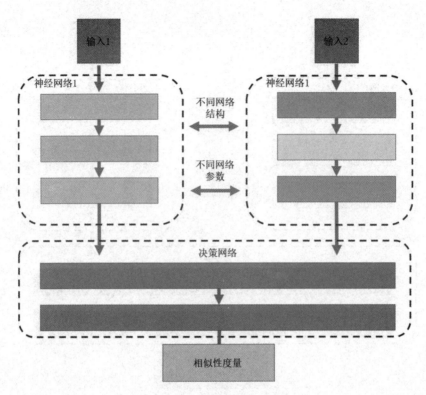

图 7.4 伪孪生神经网络结构示意图

令 $d \in \mathbf{R}^L$ 和 $X_b \in \mathbf{R}^{N \times L}$ 分别为目标先验光谱和待测光谱，其中 L 是光谱波段数，N 是待测光谱数。如图 7.5 所示，本章所提出的孪生网络 g 由两个三层的全连接神经网络构成，三层全连接的输出维度分别为 32、16 和 8。两个神经网络共享权值，网络的每一层全连接后接 Batch Normalization 操作和 ReLU 激活函数。在前向计算时，首先将待测光谱 X_b 输入基于低秩 – 稀疏分解的自编码器中，得到低秩重建的光谱 X^l。将目标光谱 d 和低秩重构的测试光谱 X^l 分别输入孪生网络中，得到维度相同的输出 $g(d)$ 和 $g(X^l)$，并计算它们的余弦相似度 c_b。孪生网络的目标函数为

$$E_{siam} = BCE(c_b, c_t) \tag{7.4}$$

式中：c_t 为 X_b 的真实类别标签，BCE 为二分类的交叉熵损失函数（binary cross entropy）。最终的目标函数为

$$E = E_{siam} + E_{auto} \tag{7.5}$$

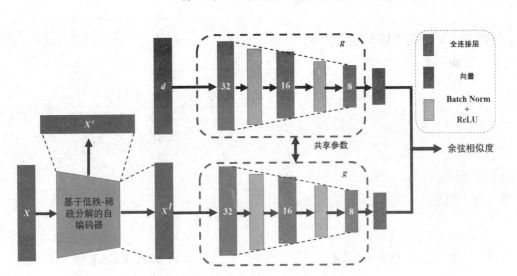

图 7.5　基于孪生网络的高光谱目标探测框架

注：X，X^l 和 X^s 分别表示输入光谱、低秩重构和稀疏分量，L 为输入光谱的波段数。全连接层中的数字表示输出维度。

7.4　基于线性光谱混合模型的数据扩充方法

训练上述目标探测器需要大量的训练数据。然而，在实际情况中常常只有一条或几条目标的先验光谱，测试光谱也没有任何标注信息，这使训练正例的数量与多样性都严重不足。为了解决这个问题，本节提出一种数据扩充方法来产生模拟训练数据。首先随机提挑选一条测试光谱 $X_{i,\cdot}$，将 d 和 $X_{i,\cdot}$ 同时乘以一个随机常数 $0 \leqslant \tau \leqslant 3$ 来模拟光照效应：

$$d = \tau d, X_i = \tau X_i \qquad (7.6)$$

然后对 d 和 $X_{i,\cdot}$ 进行随机线性混合来生成新样本。具体来说，首先生成一个服从均匀分布的随机系数 $\lambda \in [0, 0.3] \cup [0.7, 1]$，然后使用此系数进行线性混合：

$$X_{\text{train}} = \lambda d + (1 - \lambda) X_i \qquad (7.7)$$

若 $\lambda \in [0.7, 1]$，则所生成的 X_{train} 为正样本，否则 X_{train} 为负样本。公式（7.7）为线性混合模型的特例，将线性混合模型的端元种类限制为两种即为公式（7.7）。在训练中保持生成的正负例比例为 1 ：1 来平衡探测器的训练。图 7.6 展示了目标光谱和生成的正样本。从图中可以看到，生成的正样本既保持了目标光谱的趋势形态, 又扩充了样本的多样性。

（a）目标的先验光谱　　　　　　　　　　（b）数据扩充后的正例

图 7.6　目标的先验光谱与数据扩充后的正例

上述数据扩充方法有个潜在的问题, 即测试高光谱图像中包含了目标光谱, 当测试光谱为目标光谱时, 上述方法可能将部分正样本错标成负样本。然而, 通过实验发现, 这些标错的样本不会对最终的结果造成特别严重的影响。由于高光谱图像中的目标的像元个数很少, 只占了高光谱图像像元总数非常小的一部分, 因此在训练过程中的影响可以忽略。从本章的实验部分中所用数据集可以看到, 数据集中的目标像元个数极少, 在整个数据集中的比例在 1% 以下。另外, 根据现代深度学习理论[144], 给标签注入少量噪声在某些情况下反而会帮助网络克服过拟合。

7.5　实验结果与分析

7.5.1　实验数据、对比算法和评价指标介绍

本章使用 PyTorch 来实现提出的算法, 使用 Adam 优化器, 学习率为 0.01, 动量为 0.9, 批样本大小为 64, 训练轮数为 90。

本节将提出的算法与七种高光谱目标探测算法相比较: CEM、ACE、MF、SAM、SID、Ensemble CEM (ECEM)[145] 和 hierarchical CEM (hCEM)[67]。前 5 种探测器为经典的基于统计假设的探测器, 后两种探测器为最近提出的级联探测器。

本章使用受试者工作特征（receiver operating characteristic，ROC）曲线作为评价指标。ROC 曲线是指以测试算法在不同判断标准下所得的假阳性率为横坐标，以真阳性率为纵坐标，画得的各点的连线。ROC 曲线面积越大，探测算法效果越好。

本节使用一个模拟数据集和三个真实数据集来进行实验。其中模拟数据集由美国地质调查数字光谱库（United States Geological Survey，USGS）生成，共含有 15 种端元光谱，分别为 Axinite HS342.3B、Rhodochrosite HS67、Chrysocolla HS297.3B、Niter GDS43、Anthophyllite HS286.3B、Neodymium Oxide GDS34、Monazite HS255.3B、Samarium Oxide GDS36、Pigeonite HS199.3B、Meionite WS700.HLsep、Spodumene HS210.3B、Labradorite HS17.3B、GrossularWS484、Zoisite HS347.3B 和 Wollastonite HS348.3B。光谱共有 224 个波段，波长范围为 $0.4 \sim 2.5\mu m$。Labradorite HS17.3B 为目标光谱。

本节参考 Zou 等人 [67] 的方式来生成模拟数据集，将模拟高光谱图像分为 8×8 个区域，每个区域的尺寸为 8×8，每个区域包含上述 1 种地物中的随机一种地物，通过替换背景中相应的像元来植入没有被噪声污染的目标光谱。为了测试目标探测器对于混合像元的表现，本章使用尺寸为 $(s+1) \times (s+1)$ 的低通滤波器来对光谱进行混合并添加信噪比为 20dB 的高斯白噪声。图 7.7 展示了模拟数据集的伪彩色图像和目标位置。

（a）模拟数据的伪彩色图像　　　　　　　　　（b）目标的位置信息

图 7.7　模拟数据集的伪彩色图像和目标的位置信息

第一个真实数据集为密西西比 Gulfport 数据集。数据采自南加州大学密西西比 Gulfport 校区。原始数据集大小为 271×284，共有 72 个波段，波长范围为

0.368 ～ 1.043 μm。数据集的空间分辨率为 1 m。选取原始图像中 100×100 的子图来进行目标探测，探测的目标为汽车，共有 26 个目标像元。数据中的背景有草地、树木、建筑和道路。图 7.8 展示了数据集的伪彩色图像和目标的位置信息。

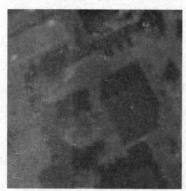

（a）伪彩色图像　　　　　（b）目标的位置信息

图 7.8　Gulfport 数据集的伪彩色图像和目标的位置信息

第二个真实数据集为 Pavia Center 数据集。图像采自意大利的 Pavia Center，使用的传感器为反射式光学系统成像光谱仪（reflective optics system imaging spectrometer，ROSIS）。图像含有 102 个波段，波段范围为 0.43 ～ 0.86 μm。选取原始图像中 100×100 的子图来进行目标探测，探测的目标为汽车，共有 16 个目标像元，背景为桥梁和水。图 7.9 展示了数据集的伪彩色图像和目标的位置信息。

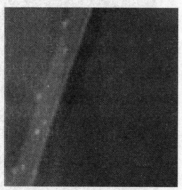

（a）伪彩色图像　　　　　（b）目标的位置信息

图 7.9　Pavia Center 数据集的伪彩色图像和目标的位置信息

第三个真实数据集为 San Diego 机场数据集，图像采自美国的 San Diego 机场，使用的传感器为可见光 / 红外光谱仪（spectrometer visible/infrared imaging spectrometer，AVIRIS）。数据集包含 224 个波段，波长范围为 $0.38 \sim 2.51 \mu m$。移除掉低信噪比波段和水蒸气吸收波段后，一共剩下 189 个波段。探测的目标为飞机，共有 51 个目标像元。包含的背景为机场跑道、停机坪和建筑。图像共包含 100×100 个像元。图 7.10 展示了数据集的伪彩色图像和目标的位置信息。

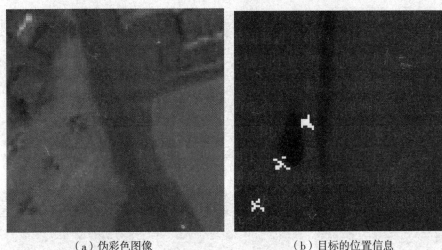

　（a）伪彩色图像　　　　　　　　　　（b）目标的位置信息

图 7.10　San Diego 机场数据集的伪彩色图像和目标的位置信息

7.5.2　模拟数据实验

图 7.11 展示了所有探测器在模拟数据集上的 ROC 曲线。从图中可以看出，本章提出的方法取得了最好的性能，ROC 曲线面积最大，hCEM 排名第二，而其他的算法表现较差。

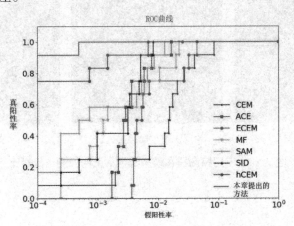

图 7.11　不同方法在模拟数据集上的 ROC 曲线对比

图 7.12 展示了不同方法在模拟数据集上的可视化结果。从图中可以看到，CEM、MF 和 ECEM 都没有成功地探测到目标；SAM、SID 有较多误探测；ACE、hCEM 和本章提出的方法都成功地探测到了目标。与 ACE 和 hCEM 相比，本章提出的方法探测出的目标更加完整。这个实验证明了本章提出的方法的有效性。

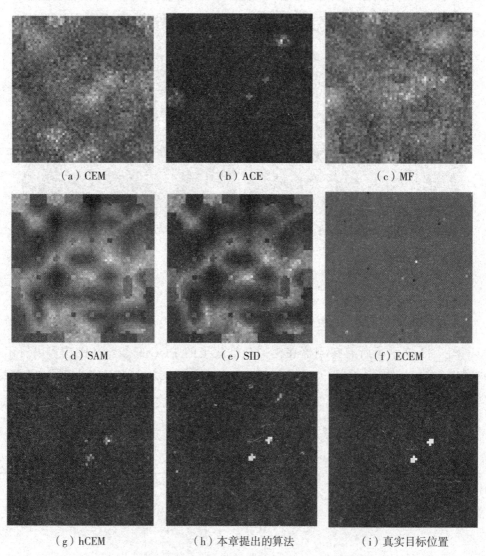

图 7.12　不同探测器在模拟数据集上的探测结果对比

7.5.3　真实数据实验

图 7.13、图 7.14 和图 7.15 展示了不同探测器在三个真实数据集上的 ROC 曲线。可以看到，本章提出的算法在三个数据集上均取得了最好的性能。具体来说，在 Gulfport 数据集上，CEM、ECEM、SAM、SID 和 hCEM 算法表现较差，而 ACE、MF 和本章提出的算法均取得了较好的效果。与 ACE 和 MF 算法相比，本章提出的算法的 ROC 曲线面积更大，比 ACE 和 MF 的 ROC 曲线面积高了 1.7% 和 0.1%。在 Pavia Center 数据集和 San Diego 机场数据集上，本章提出的算法的 ROC 曲线包含了所有对比算法的 ROC 曲线，取得了最好的结果。

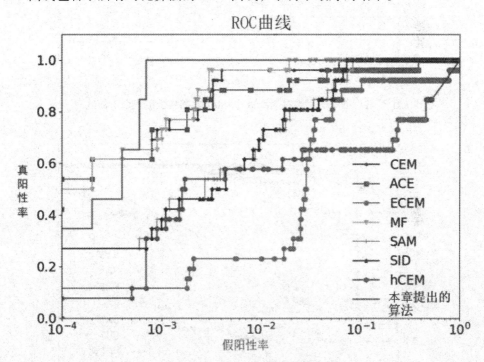

图 7.13　不同探测器在 Gulfport 数据集上的 ROC 曲线

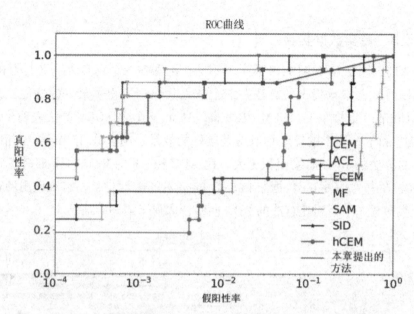

图 7.14　不同探测器在 Pavia Center 数据集上的 ROC 曲线

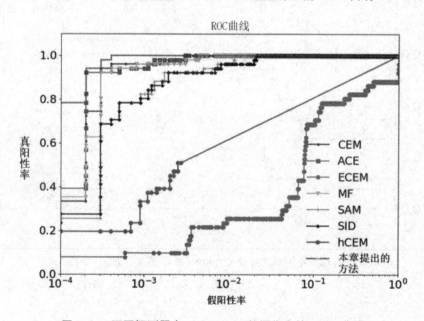

图 7.15　不同探测器在 San Diego 数据集上的 ROC 曲线

　　图 7.16、图 7.17 和图 7.18 可视化了不同探测器在三个数据集上的检测结果。从图中可以看出，CEM 和 MF 的检测结果含有较多噪声，而其他对比算法存在漏检和较多误检的情况。相比之下，本章提出的算法取得了最好的探测结果，成功

地检测出大部分目标且误检较少。

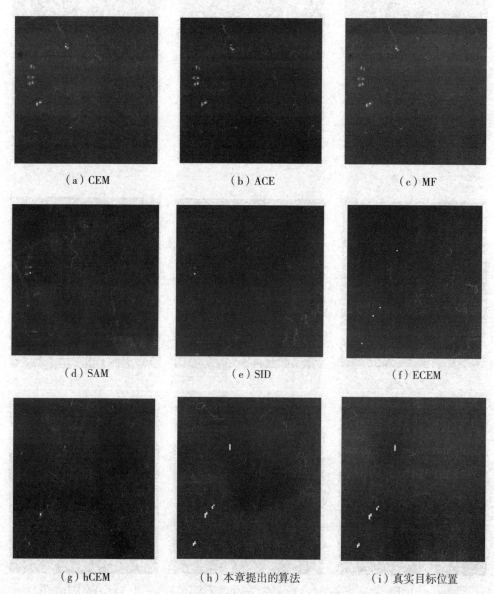

（a）CEM　　　　　　　（b）ACE　　　　　　　（c）MF

（d）SAM　　　　　　　（e）SID　　　　　　　（f）ECEM

（g）hCEM　　　　　（h）本章提出的算法　　　（i）真实目标位置

图 7.16　不同探测器在 Gulfport 数据集上的探测结果对比

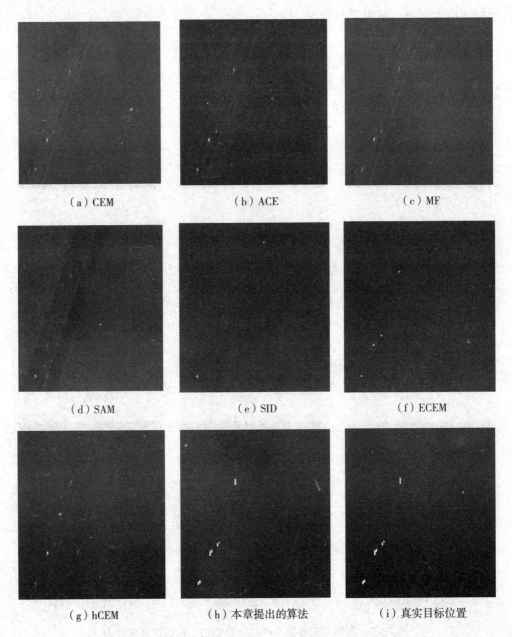

（a）CEM　　　　　　　（b）ACE　　　　　　　（c）MF

（d）SAM　　　　　　　（e）SID　　　　　　　（f）ECEM

（g）hCEM　　　　（h）本章提出的算法　　　（i）真实目标位置

图 7.17　不同探测器在 Pavia Center 数据集上的探测结果对比

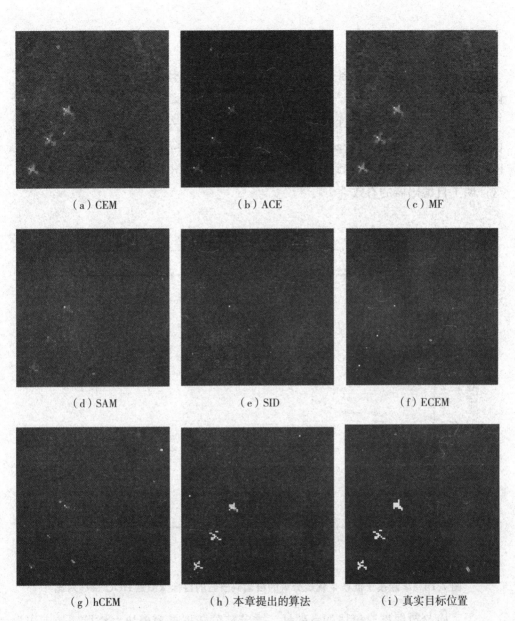

(a) CEM　　　　　　　(b) ACE　　　　　　　(c) MF

(d) SAM　　　　　　　(e) SID　　　　　　　(f) ECEM

(g) hCEM　　　　　(h) 本章提出的算法　　　(i) 真实目标位置

图 7.18　不同探测器在 San Diego 机场数据集上的探测结果对比

7.5.4 消融实验

　　为了检验提出的算法各个模块的有效性,本节进行消融实验,分别移除基于低秩 – 稀疏分解的自编码器和数据扩充模块。首先移除基于低秩 – 稀疏分解的自编码器模块,直接将目标的先验光谱与测试光谱输入孪生网络中进行相似度对比。测试数据集为 San Diego 机场。图 7.19 展示了移除自编码器模块后探测器的 ROC 曲线。从图中可以看到,移除自编码器模块后 ROC 曲线的面积明显下降,这证明了自编码器的有效性。

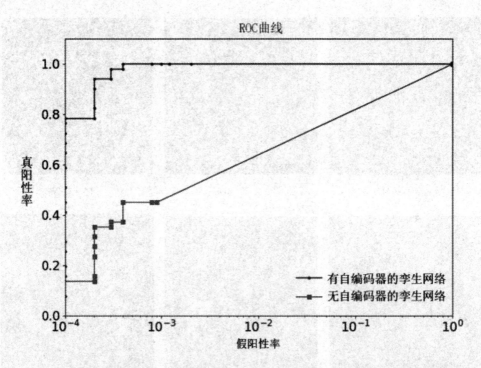

图 7.19　移除基于低秩 – 稀疏分解的自编码器后的目标探测器 ROC 曲线对比

　　为了检验数据扩充模块的有效性,本节移除数据扩充模块,将目标光谱作为正例、将测试图像中的光谱作为负例输入提出的模型中进行相似度对比。图 7.20 展示了移除数据扩充后探测器的 ROC 曲线对比。从图中可以看出,移除数据扩充后,在相同召回率的基础上,使用数据扩充的探测器有更高的精度。这个实验证明了数据扩充模块的有效性。

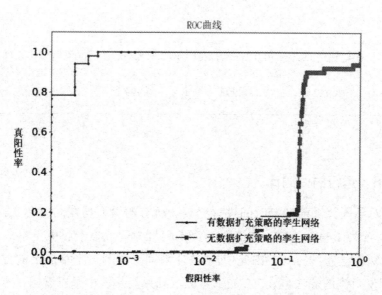

图 7.20　移除数据扩充后目标探测器的 ROC 曲线对比

7.5.5　超参敏感性分析

本章提出的算法含有两个超参，分别为数据扩充模块中的 τ 的上界和 λ 的取值范围。τ 的上界控制着光照的最高强度，光照越强，上界越大，生成样本的形态变化越多。λ 的取值范围控制着生成样本的多样性，取值范围越大，生成样本的多样性越强。太强或太弱的样本多样性均会损害探测器的性能：当样本多样性太强时，探测器会将一些背景光谱当作目标光谱，使虚警率上升；当样本多样性太弱时，探测器由于缺乏丰富的正样本，在训练中有可能过拟合。表 7.1 展示了两个超参取不同范围时，本章提出的方法生成的 ROC 曲线的面积变化。测试数据集为 SanDiego 机场数据集。从表中可以看出，当 τ 的上界取 3、λ 的取值范围为 $[0,0.3] \cup [0.7,1]$ 时，探测器的 ROC 曲线面积最大。因此本章的实验均使用上述设置。

表 7.1　不同 τ 和 λ 的取值范围对探测器性能的影响

τ	[0,1]	[0,2]	[0,3]	[0,4]	[0,5]
ROC 曲线面积	0.977	0.994	0.999	0.997	0.991

续　表

λ	[0,0.1] ∪ [0.9,1]	[0,0.2] ∪ [0.8,1]	[0,0.3] ∪ [0.7,1]	[0,0.4] ∪ [0.6,1]	[0,1]
ROC 曲线面积	0.912	0.992	0.999	0.991	0.987

注：表中数据为 ROC 曲线面积。

7.5.6　运行时间对比

本节对不同算法的运行时间进行比较。所有的模型均在同一台 PC 上进行测试，PC 配置为 Intel i7 CPU、8GB 内存和 TAITAN Xp 显卡。由于本章提出的方法为基于深度学习的方法，因此使用 GPU 来训练和测试本章提出的方法，使用 CPU 来测试对比的算法。表 7.2 展示了测试结果。从表中可以看出，本章提出的方法需要较长的时间训练。然而，当算法训练完成后，本章提出的方法的运行速度较快，运行时间明显优于其他算法。

表 7.2　不同方法在 San Diego 机场数据集上运行时间（s）对比

CEM	ACE	MF	sAM	SID	ECEM	hCEM	本书提出的算法（训练）	本书提出的算法（测试）
0.68	0.71	0.73	0.72	0.74	3.79	2.26	42.7	0.08

7.6　本章小结

本章在综合分析已有高光谱目标探测不足的基础上，使用基于低秩 – 稀疏分解的自编码器与孪生网络对高光谱目标探测进行建模，并提出了一种数据扩充的方法来生成训练样本。首先，为了减轻高光谱图像中的异常光谱的影响，本书假设原始高光谱图像为低秩结构，并使用基于低秩 – 稀疏分解的自编码器将异常光谱投影回原始的低秩光谱空间，以恢复异常光谱的正常形态；使用孪生网络对目标光谱与低秩重建后的测试光谱进行特征提取并计算相似度，根据相似度来判断测试光谱是否为目标。针对深度学习需要大量训练数据的缺点，本章提出一种基于线性光谱混合模型的数据扩充方法，通过模拟光照效应并使用光谱线性混合公式来生成大量的带标签训练数据。基于模拟数据和真实数据的实验结果验证了本章提出方法的有效性。

第 8 章　高光谱亚像元定位快速处理方法

8.1　引　言

　　高光谱图像中具有丰富的光谱信息，但其空间分辨率往往很低。考虑到成像区域的地物构成复杂，成像条件多样，在获取的高光谱图像中存在大量的混合像元。混合像元内存在多类地物，如果按照传统的硬分类方法将其判为某一类将会丢失大量的信息。混合像元分解技术可以获得混合像元内各类地物端元的组成比例，但并未获得各类地物的空间分布。亚像元定位（subpixel mapping）正是一种估计混合像元内部各种地物空间分布的技术，使图像中的各种地物在亚像元的尺度上显示，从而提高高光谱图像的空间分辨率。

　　本章针对高光谱图像亚像元定位的方法进行了研究，介绍了高光谱亚像元定位技术的原理与方法，研究了其观测模型的结构，并提出了一种新的基于最大后验概率（maximum posterior probability，MAP）– 全变分（TV）模型的求解高光谱遥感图像亚像元定位的混合算法，通过该方法对亚像元定位的 MAP–TV 模型进行求解。

8.2　高光谱亚像元定位技术原理和方法

　　亚像元定位技术最早由 Atkinson 提出，旨在基于空间依赖性假设从低分辨率丰度图像中生成有更高分辨率的分类图像，从而等效提高高光谱图像的空间分辨力。具体做法是通过将混合像元切割成更小的单元，根据像元中每个端元的丰度值，按照最大化空间相关性准则等，将具体地物类别相应地分配到这些较小的亚像元中，从而实现对地物的定位。

8.2.1　高光谱亚像元定位原理

高光谱亚像元定位通常是基于已获取的丰度影像进行，通过将混合像元切割为亚像元并赋予每个亚像元具体的类别，从而得到一幅高分辨率的分类图。要进行亚像元定位，首先需要建立低分辨率丰度图像与高分辨率定位图像之间的映射关系，这里就涉及一个重建尺度 S，即丰度图像上的一个像元对应着定位图像上的 $S \times S$ 个像元。[159]

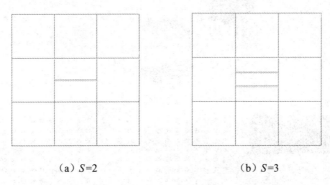

(a) $S=2$　　　　　　　　　(b) $S=3$

图 8.1　中心像元所对应的不同尺度下的亚像元分布

在建立好低分辨率丰度图像与高分辨率定位结果之间的映射关系之后，需依据空间相关性理论为每个亚像元分配最合适的类别。目前大多数亚像元定位模型的理论基础为空间相关性假设理论，很多定位算法也都是基于该理论来实现的。空间相关性理论假定在中心混合像元的各亚像元内与其领域像元之间，各地物类别的分布具有空间相关性，也就是说距离较近的像元更加可能属于同一个类别。

如图 8.2 所示的一个亚像元定位实例能够较好地说明空间相关性原理。[160] 假设原始图像中包含了三种类型的地物，分别用红色、绿色和蓝色表示。图 8.2（a）是原始低分辨率栅格图像，中间某一像素光谱解混的结果分别为 0.25（红色），0.25（绿色），0.5（蓝色），即丰度信息。图 8.2（b）则为图 8.2（a）3×3 区域内的丰度信息。若尺度因子设为 4，即低分辨率丰度图像中的每一个像元对应了 4×4 个亚像元，则根据图 8.2（b）中的丰度信息就可以计算出各类地物在像元内所占亚像元的数目。例如，对于图 8.2（b）中的中心像元，红色类的地物占 25%，绿色类的地物占 25%，蓝色类的地物占 50%，则红色类和绿色类地物均对应 4 个亚像元，而蓝色类对应 8 个亚像元。图 8.2（c）和图 8.2（d）给出了在丰度约束下的两种不同的空间分布状态。如果事先不知道地物的空间分布特性，则不同种类地物的亚像元分布是随机的，亚像元定位的目标就是要确定一种分布使空间相关性最大。比如，相对于图 8.2（d），图 8.2（c）中的分布状态更加满足空间相关性最大原则，所以图 8.2（c）中的分布可以作为亚像元定位的结果。

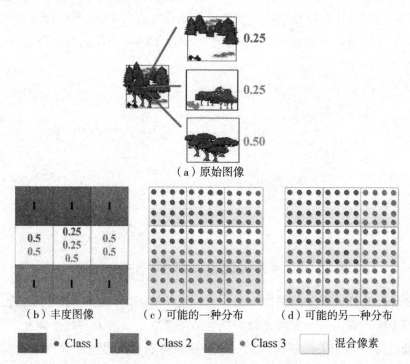

（a）原始图像

（b）丰度图像　　　（c）可能的一种分布　　　（d）可能的另一种分布

■ ● Class 1　　■ ● Class 2　　■ ● Class 3　　□ 混合像素

图 8.2　亚像元定位示例（重建尺度 S=4,3 类）

8.2.2　高光谱亚像元定位混合像元类型

Fisher 认为混合像元的空间分布主要可分为四种情况 [161]，如图 8.3 所示。

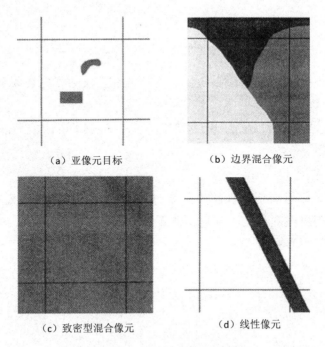

（a）亚像元目标 （b）边界混合像元

（c）致密型混合像元 （d）线性像元

图 8.3 混合像元的四种类型

注：（a）为亚像元目标，若某种地物的尺寸小于图像空间分辨率，则其在单个像元内只占孤立的部分区域，如房子、树木、车辆等；（b）为边界混合像元，它是两种或多种地物边界发生混合而产生的，如农田中两类不同农作物在边界处所形成的混合像元；（c）为致密型混合像元，它是由不同的地物之间呈交错分布且在空间中并不能呈现很强的相关性形成，如灌木与树木等形成的交错群落；（d）为线性亚像元，它是由长宽比较大的地物产生，如公路、河流、桥梁等。

不同种类的混合像元各有其独特的空间分布模式，本章主要研究亚像元目标类型混合像元的定位问题。该类像元由于占据空间不足 1 个整像元，可以忽略邻域信息对亚像元目标空间定位的影响，其仅存在着亚像元级的空间相关性。

8.2.3 高光谱亚像元定位精度评价方法

从处理方法而言，高光谱亚像元定位是对光谱解混或分类算法的推广，因此亚像元定位精度评价也可以参照光谱分类的评价方法来设计。对二分类问题，可以采用错误定位像元（error mapping pixel，EMP）个数作为评价指标，EMP 值由原始图像与定位结果的误差图像得到，亚像元定位效果与 EMP 值成反比。此外，均方根误差（root-mean-square error，RMSE）也是评价亚像元定位的重要指标：

$$\text{RMSE}=\sqrt{\frac{\sum_{i=1}^{N_s}(y_i-x_i)^2}{N_s}} \qquad (8.1)$$

式中：y_i 表示参考高分辨率图像中像元 i 的灰度值；x_i 表示定位得到的像元 i 的灰度值；N_s 表示像元总数。

而对于多分类问题，通常采用混淆矩阵（confusion matrix）和 Kappa 系数[162]来评价定位效果。

1. 混淆矩阵

混淆矩阵又称错误矩阵，该方法通过将真实的分类信息与定位结果进行比较，在矩阵中列出正确与错误分类的结果，从而可以计算准确率、虚警率等重要指标。混淆矩阵的形式如下：

$$\boldsymbol{M}=\begin{bmatrix} m_{11} & m_{12} & \cdots & m_{1c} \\ m_{21} & m_{22} & \cdots & m_{2c} \\ \vdots & \vdots & \ddots & \vdots \\ m_{c1} & m_{c2} & \cdots & m_{cc} \end{bmatrix} \qquad (8.2)$$

式中：m_{ij} 表示将类别为 i 的地物判别为类别为 j 的像元数目（$i,j=1,2,3,\cdots,c$），c 表示总的类别数，主对角线上的元素则表示被正确分类的像元数。再使用正确分类的像元数占总像元数的百分比进行总体分类精度（overall accuracy，OA）评价，其计算如下：

$$\text{OA}=\frac{\sum_{i=1}^{c}m_{ii}}{\sum_{i=1}^{c}\sum_{j=1}^{c}m_{ij}} \qquad (8.3)$$

2. Kappa 系数

Kappa 系数的大小表明定位精度的高低。Kappa 系数的计算结果通常是落在 0.0~1.0 间，可以分为五个不同的级别表示一致性的程度：0.0 ～ 0.20（最低）、0.21 ～ 0.40（一般）、0.41 ～ 0.60（中等）、0.61 ～ 0.80（高度）和 0.81 ～ 1.0（完全一致）。Kappa 系数计算公式如下：

$$\text{Kappa}=\frac{N_s\cdot\sum_{i=1}^{c}m_{ii}-\sum(m_{i+},m_{+i})}{N_s^2-\sum(m_{i+},m_{+i})} \qquad (8.4)$$

$$N_s=\sum_{i=1}^{c}\sum_{j=1}^{c}m_{ij} \qquad (8.5)$$

式中：m_{i+} 表示第 i 行的像元数；m_{+i} 表示第 i 列的像元数；N_s 表示像元总数。

8.2.4　高光谱亚像元定位关键技术

高光谱亚像元定位对深入发展定量化遥感技术具有十分重要的意义，目前的亚像元定位算法可大致分为两类：第一类是将亚像元间的空间相关性进行最大化处理，其中包括空间吸引力模型[146]、像元交换算法[147]、人工免疫系统[148]和差分进化算法[149]等；第二类是使用先验模型去匹配亚像元间的相关性，其中包括 Hopfield 神经网络和几何亚像元定位方法等[150, 151]。然而，由于这方面的研究开展得较晚，研究还不够深入，还存在一系列问题有待进一步解决[163]，主要待解决的关键技术有：

（1）未能充分考虑地物的空间特性，从而使地物空间细节特征丢失。由前面的内容可知，混合像元根据其地物混合方式可以分为亚像元、边界混合、致密型和线性等四种类型。针对不同种类的混合像元研究对应的定位方法是亚像元定位发展的一个重要方向。

（2）缺乏辅助的空间信息。如单幅影像信息有限，可以利用多幅影像的互补信息进行定位，使定位精度提高。因此如何引入较多的辅助空间信息也是提高定位精度的一个关键问题。

（3）定位结果受光谱解混的影响。大多数定位算法的输入通常是解混得到的丰度影像，所以光谱解混的误差对定位结果有一定的影响。为了进一步减小定位误差，需要开展对光谱解混和定位算法联合求解的模型研究。

（4）定位算法的运行效率。由于定位算法实现涉及像元解混等病态问题的求解，因此往往需要通过添加正则项和重复迭代的手段求解，求解过程中对于超参的选择相当繁复，如何提高收敛速度、提高算法运行效率也显得十分重要。

基于 MAP-TV 模型的亚像元定位方法由于其中 MAP 算法的有唯一解、可扩展性和易于添加先验信息的优点，能够很好地解决该病态的亚像元定位问题。[152]

通过将空间分布先验 TV 加入 MAP 模型中，能够有效地减小光谱解混误差。但在该模型的亚像元定位方法中，由于 TV 先验固有的非线性的特点，相应的用于求解最小化该模型的梯度下降算法效率过于低下。

为了解决算法效率低下的问题，这里对传统的 MAP-TV 模型的亚像元定位方法的快速实现方法做了改进，对其非线性环节较多、求解烦琐的缺点，研究能加速求解过程的新方法。为此，我们提出了一种新的混合加速算法，与传统的基于梯度下降的求解方法不同，该方法将 MAP-TV 框架下的非线性最小化问题分解成几个有闭合解的子问题来解决。实验数据表明，该算法能够在保证定位精度的情况下，比传统方法更快地得到亚像元定位结果。

8.3　高光谱亚像元定位观测模型的结构

如前所述，对高光谱图像进行亚像元定位的前提是通过光谱解混得到不同端元组分在混合像元中所占的百分比。由此得到的观测模型定义如下：

$$y^c = Dx^c + n^c \tag{8.6}$$

式中：y^c 是类别 c 的丰度图像；x^c 是地物端元类别 c 的亚像元定位结果；D 是下采样矩阵，与亚像元定位图像的范围大小有关，n^c 是类别 c 的噪声。图 8.4 所示为观测模型，定位公式如式（8.7）所示[153]：

$$y^c(3,3) = \frac{1}{9}x^c(3,3) + \frac{1}{9}x^c(3,4) + \frac{1}{9}x^c(3,5)$$
$$+ \frac{1}{9}x^c(4,3) + \frac{1}{9}x^c(4,4)\frac{1}{9}x^c(4,5)$$
$$+ \frac{1}{9}x^c(5,3) + \frac{1}{9}x^c(5,4) + \frac{1}{9}x^c(5,5) \tag{8.7}$$

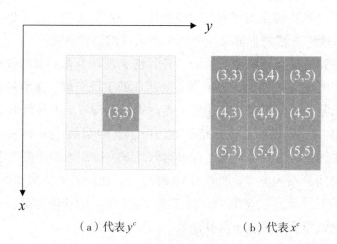

（a）代表 y^c　　　　（b）代表 x^c

图 8.4　观测模型实例

图 8.4（a）中的 $y^c(3,3)$ 是丰度图像中对应的丰度值，图 8.4（b）中的 $x^c(3,3), x^c(3,4), \cdots, x^c(5,5)$ 为亚像元定位图像中的不同位置的定位结果，重建比率为 3。

8.4　MAP–TV 高光谱亚像元定位模型

基于 MAP–TV 框架下的高光谱亚像元定位观测模型，是在 MAP 框架的基础上，通过引入 TV 正则项，来给出求解亚像元定位问题的正则化模型，继而求得最优解。假设在每个地物端元类别出现的噪声为高斯白噪声。MAP 方法是寻求最大后验估计 $\Pr(x^c\,|\,y^c)$ 时对应的最优值 $\hat{x}^c$：

$$\hat{x}^c = \arg\max\{\Pr(x^c\,|\,y^c)\} \tag{8.8}$$

根据贝叶斯公式：

$$\Pr(x^c\,|\,y^c) = \frac{\Pr(x^c\,|\,y^c)\cdot\Pr(x^c)}{\Pr(y^c)} \tag{8.9}$$

式中：$\Pr(y^c\,|\,x^c)$ 是低分辨率图像中的类别为 c 的似然函数，$\Pr(x^c)$ 是结果 x^c 的先验概率，$\Pr(y^c)$ 的值是固定的，则对公式（8.9）移除分母并采用对数运算，上式被转化成：

$$\hat{x}^c = \arg\max\{\log\Pr(y^c\,|\,x^c) + \log\Pr(x^c)\} \tag{8.10}$$

式中：似然函数可以写成：

$$\hat{x}^c = \arg\min\{\|y^c - \boldsymbol{D}x^c\| + \kappa U(x^c)\} \tag{8.11}$$

式中：U 是正则化项；κ 是参数。

如果用 TV 来作为正则化项，则上式就变成了如下的 MAP–TV 模型：

$$\hat{x}^c = \arg\min\{\|y^c - \boldsymbol{D}x^c\|_2^2 + \kappa\|\nabla x^c\|_2\} \tag{8.12}$$

式中：∇ 是梯度算子。在公式（8.12）中，该 TV 先验模型能够更好地保留图像的边缘和细节信息，其结构如下：

$$U(x)^c = \sum_i\sum_j\sqrt{\left|\nabla x_h^c\right|^2 + \left|\nabla x_v^c\right|^2} \tag{8.13}$$

式中：∇x_h^c 和 ∇x_v^c 为图像 x^c 的水平方向和垂直方向的梯度，可以通过下式计算出：

$$\nabla x_h^c = x^c[i+1,j] - x^c[i,j] \tag{8.14}$$

$$\nabla x_v^c = x^c[i,j+1] - x^c[i,j] \tag{8.15}$$

8.5　高光谱亚像元定位快速混合迭代算法

最常用的用来解公式（8.11）的方法是梯度下降法。在步长选取的过程中，遵循如下公式：

$$x^c = \arg\min\{f(x_k^c) + <\nabla f(x_k^c), (x^c - x_k^c) >\} \quad （8.16）$$

式中：x_k^c 是第 k 次迭代得到的 x^c。

FISTA（fast iterative shrinkage–thresholding Algorithm）算法是一种常用的基于梯度下降思想的快速迭代阈值收缩算法 [154]，理论上 FISTA 的迭代收敛速度可以达到 $O(1/k^2)$（k 为迭代次数）。分裂 Bregman 算法在 2.3.2 节中已经介绍过了，它也是一种快速迭代算法，速度快、内存占用小。

然而，由于 TV 的非线性的特点，使用梯度下降法往往效率很低，而且该方法对步长的选择敏感，尤其对下一次迭代点的选取不够灵活，容易发生步长较小、迭代次数较多或步长过大、跳过了局部最小值点的问题。我们所提出的混合算法结合了 FISTA 算法和分裂 Bregman 算法的特点，能够更快地使模型达到收敛。

我们首先将公式（8.12）改写为

$$x^c = \arg\min\{f(x^c) + g(x^c)\} \quad （8.17）$$

式中：

$$f(x^c) = \| y^c - \boldsymbol{D}x^c \|_2^2 \quad （8.18）$$

$$g(x^c) = \kappa \| \nabla x^c \|_2 \quad （8.19）$$

通过将 $f(x)$ 进行二阶泰勒展开，公式（8.17）可写成：

$$x^c = \arg\min_{x^c}\{f(x_k^c) + <\nabla f(x_k^c), (x^c - x_k^c) > + \frac{1}{2\eta} \| x^c - x_k^c \|_2^2 + g(x^c)\} \quad （8.20）$$

这里对泰勒展开后的公式进行了合并。

将公式（8.18）和公式（8.19）代入公式（8.20），得到

$$x^c = \arg\min_{x^c}\{\kappa\|\nabla x^c\|_2 + \frac{1}{2\eta} \| x^c - (x_k^c - \eta \boldsymbol{D}^{\mathrm{T}}(\boldsymbol{D}x_k^c - y^c)) \|_2^2\} \quad （8.21）$$

式中：η 为超参数。

通过使用 Nesterov 的加速梯度下降法，我们得到了下面使用了 FISTA 后的计算过程，如表 8.1 所示。

表 8.1　采用 FISTA 后的计算过程

输入：$\lambda_0 = 0$，$x_0^c = \boldsymbol{D}^T y^c$

当不收敛时：

$$\lambda_{k+1} = \frac{1 + \sqrt{1 + 4\lambda_k^2}}{2} \tag{8.22}$$

$$\gamma_k = \frac{1 - \lambda_k}{\lambda_{k+1}} \tag{8.23}$$

$$x_{k+1/2}^c = \underset{x^c}{\arg\min}\{\kappa\|\nabla x^c\|_2 + \frac{1}{2\eta}\| x^c - (x_k^c - \eta \boldsymbol{D}^{\mathrm{T}}(\boldsymbol{D}x_k^c - y^c)) \|_2^2\} \tag{8.24}$$

$$x_{k+1}^c = (1 - \gamma_k)x_{k+1/2}^c + \gamma_k x_k^c \tag{8.25}$$

结束

输出：x^c

在算法的每一次迭代过程中，通过将点 x_k^c 处的近似函数取得最小值的点 $x_{k+1/2}^c$，与 x_k^c 点做线性运算得到的点来作为下一次迭代的起始点 x_{k+1}^c。

表 8.1 中的公式（8.24）有很多种快速高效的解法，我们采用了分裂 Bregman 算法来求解。首先，我们引出了对偶变量 $\boldsymbol{b}$ 来替换掉 ∇x^c，此时对应公式（8.24）的公式为：

$$\begin{cases} x_{k+1/2}^c = \underset{x^c}{\arg\min}\{\kappa\|b\|_2 + \frac{1}{2\eta}\| x^c - (x_k^c - \eta \boldsymbol{D}^{\mathrm{T}}(\boldsymbol{D}x_k^c - y^c)) \|_2^2\} \\ b = \nabla x^c \end{cases} \tag{8.26}$$

上式的约束问题能够通过使用拉格朗日乘子变成非约束问题：

$$x_{k+1/2}^c, b = \underset{x^c, b}{\arg\min}\{\kappa\|b\|_2 + \frac{1}{2\eta}\| x^c - (x_k^c - \eta \boldsymbol{D}^{\mathrm{T}}(\boldsymbol{D}x_k^c - y^c)) \|_2^2 + \alpha\|b - \nabla x_k^c\|^2\} \tag{8.27}$$

引入 Bregman 散度距离，形式如下：

$$D_j^p(u, v) = J(u) - J(v) - <p, u - v> \tag{8.28}$$

式中：$D_j^p(u, v)$ 为点 u 和 v 之间的 Bregman 散度距离；J 为凸函数；p 为点 v 处的导数。

通过引入 Bregman 散度距离，公式（9.22）变成：

$$\underset{x^c, b, t}{\arg\min}\{\kappa\|b\|_2 + \frac{1}{2\eta}\| x^c - (x_k^c - \eta \boldsymbol{D}^{\mathrm{T}}(\boldsymbol{D}x_k^c - y^c)) \|_2^2 + \alpha\| b - \nabla x_k^c - t \|^2\} \tag{8.29}$$

公式（8.29）可以拆成三个等价的子式。具体的计算过程如表 8.2 所示。其中 FFT，FFT^{-1}，div 和 Δ 分别为快速傅里叶变换、快速傅里叶逆变换、散度和拉普拉斯算子。

为了求解式（8.29），定义收缩运算如下：

$$\text{shrink}(x,a) = \frac{x}{|x|}\max\{x-a,0\} \qquad (8.30)$$

分裂 Bregman 算法如表 8.2 所示。

表 8.2　分裂 Bregman 算法

输入：$\lambda_0 = 0$ ，$x_0^c = \boldsymbol{D}^{\mathrm{T}}y^c$	
当不收敛时：	
$x_s^c = \text{FFT}^{-1}\left(\dfrac{\text{FFT}(\eta\boldsymbol{D}(\boldsymbol{D}x_{s-1}^c - y^c) - \alpha\eta div(b_{s-1} - t_{s-1}))}{\text{FFT}(1-\alpha\eta\Delta)}\right)$	（8.31）
$b_s = \text{shrink}(\nabla x_s^c + t_{s-1}, \kappa/\alpha)$	（8.32）
$t_s = t_{s-1} + \nabla x_s^c - b_s$	（8.33）
结束	
输出：x^c	

其中，x_s^c 是第 s 次迭代得到的 x^c。

总体的算法如表 8.3 所示。

表 8.3　总体算法

输入：λ_0 ，κ ，η ，α ，x_0^c ，b_0 ，t_0
当不收敛时：
$\lambda_{k+1} = \dfrac{1+\sqrt{1+4\lambda_k^2}}{2}$
$\gamma_k = \dfrac{1-\lambda_k}{\lambda_{k+1}}$
用分裂 Bregman 算法解 $x_{k+1/2}^c$
$x_{k+1}^c = (1-\gamma_k)x_{k+1/2}^c + \gamma_k x_k^c$
结束
输出：x^c

通过上面提出的新方法的整个求解过程可知，总体由 FISTA 来更加有效地选取迭代点，对于其中的子问题，通过引入对偶变量和 Bregman 距离，将问题再

次转化为非约束问题，将原本的子问题进一步地分解成三个子问题，对这三个问题依次进行求解，由于所有的问题均有闭合解，从而提高了解的精度。相对于梯度下降算法来说，由于解的精度的提高，从而优化了最小化该模型的迭代点的选取，使其求解模型时的迭代次数要远远大于本方法，并通过实验得到收敛时间要远远小于梯度下降方法。

一旦得到了所有端元定位结果的估计 x^c，使用 "赢者通吃"（winner-take-all，WTA）策略便可以计算出最终的结果，如图 8.5 所示。

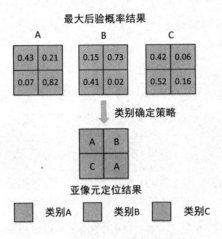

图 8.5　赢者通吃的类别确定策略

如图 8.5 所示，A、B、C 代表三个类别，分别用蓝色、橙色和绿色表示，框中的数字为各类别亚像元在该位置的最大后验概率结果。根据赢者通吃的类别确定策略，将每个亚像元位置上的各个类别的概率值进行比较，最大值对应的类别即为该亚像元位置上的最终定位类别。如图中左上角亚像元位置上，属于 A 类的概率为 0.43，属于 B 类的概率为 0.15，属于 C 类的概率为 0.42，最大值为 A 类的 0.43，所以左上角的亚像元最终定位的类别为 A。

8.6　实验结果与分析

在本节中，我们用真实的高光谱遥感数据测试了所提出的加速算法与传统梯度下降算法的运算精度和速度。本实验中所用的计算机硬件配置为双精度 CPU，英特尔第四代酷睿 i5-4590@3.30GHz 四核，内存为 12GB DDR3 1 600MHz，64 位操作系统，软件为 Matlab2017b。

实验一采用的是 Samson 高光谱数据，重建比率为 3。图像中包含土壤、树木、水 3 种地物成分。

亚像元定位算法的实验过程为，对于合成图像，先对该图像进行光谱解混，如图 8.6（a）所示，然后利用基于 MAP–TV 的亚像元定位算法来获取最终的亚像元定位结果，如图 8.6（c）、图 8.6（d）所示。我们使用两个精度评估指标总体精度 OA 和 Kappa 系数来测试亚像元定位精度，结果如表 8.4 所示。如上所述，通过将亚像元定位的结果与参考分类图 [见图 8.6（b）] 进行比较来得到测量精度，从而对结果进行更详细的验证，结果如图 8.6 所示，其中解混的图像以假彩色的形式合成到了一张图像中。

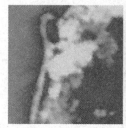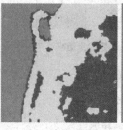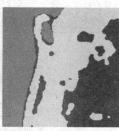

（a）丰度图像　　　　（b）参考图像　　　　（c）本章提出的算法　　　　（d）传统算法

图 8.6　Samson 图像的亚像元定位结果

Samson 亚像元定位评价指标如表 8.4 所示。

表 8.4　Samson 亚像元定位评价指标

算法	迭代次数	收敛时间（s）	OA	Kappa
梯度下降算法	300	37.71	0.978	0.966
本章提出的算法	10	2.42	0.976	0.976

从表 8.4 可以看出，在第一次实验过程中，本章提出的算法在 10 次迭代中收敛，收敛时间为 2.42s，而梯度下降算法在 300 次迭代中收敛，相应的收敛时间为 37.71s。两种算法的精度值近似相等，对于本章所提出的算法，OA 为 0.976，Kappa 为 0.963。对于梯度下降算法，OA 为 0.978，Kappa 为 0.966。从目视效果和评价指标表格上看，图 9.3(c)、图 9.3(d) 之间及其与图 9.3(b) 的误差较小，但收敛时间大大缩短。

第二次实验采用的是美国 San Diego 航空高光谱影像，数据空间大小为 400×400，包含 224 个波段，空间分辨率为 3m×3m，光谱分辨率近似 10nm。本实验选择了其中大小为 100×100 的子区间，重建比率为 2。实验结果如图 8.7 所示，具体指标如表 8.5 所示。

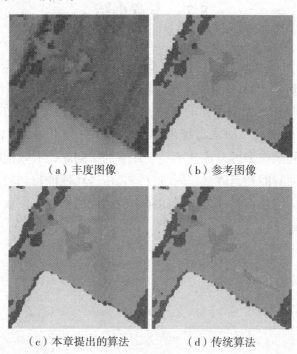

（a）丰度图像　　　　　（b）参考图像

（c）本章提出的算法　　（d）传统算法

图 8.7　San Diego 图像的亚像元定位结果

表 8.5　San Diego 亚像元定位评价指标

算法	迭代次数	收敛时间（s）	OA	Kappa
梯度下降算法	360	33.74	0.979	0.945
本章提出的算法	12	2.83	0.971	0.945

第二次实验过程中，本章提出的算法在 12 次迭代中收敛，收敛时间为 2.83s，而梯度下降算法在 360 次迭代中收敛，相应的收敛时间为 33.74s。两种算法的精度值近似相等，对于本章所提出的算法，OA 为 0.971，Kappa 为 0.945。对于梯度下降算法，OA 为 0.979，Kappa 为 0.945。同样，图 8.7(c)、图 8.7(d) 之间及其

与图 8.7(b) 的误差很小，说明新算法与传统算法在定位精度方面相差无几，但收敛时间大大缩短了。

8.7　本章小结

本章提出了一种新的基于 MAP–TV 模型的求解高光谱遥感图像亚像元定位的混合算法，并通过该方法对亚像元定位的 MAP–TV 模型进行求解。实验结果显示，传统方法对两种高光谱图像的亚像元定位均需要耗费大量的时间和运算量，同时迭代的次数也很高，而本章提出的 FISTA 和分裂 Bregman 混合算法，通过将高度非线性的复杂模型拆分成几个易于计算的子问题，有效地减少了非线性运算，节省了大量的时间和运算量，同时仅需几步迭代便能得到局部最优解，得到的结果表明该算法能够在与梯度下降同样定位精度的情况下，显著地提高亚像元定位所需要的时间。

参考文献

[1] RASTI B, ULFARSSON M O, SVEINSSON J R. Hyperspectral feature extraction using total variation component analysis [J]. IEEE Transactions on Geoscience and Remote Sensing, 2016, 54 (12): 6976– 6985.

[2] MARTÍNEZ–USÓ A, PLA F, SOTOCA J M, et al. Clustering–based hyperspectral band selection using information measures [J]. IEEE Transactions on Geoscience and Remote Sensing, 2007, 45 (12): 4158–4171.

[3] FUKUNAGA K. Introduction to statistical pattern recognition [M]. Amsterdam: Elsevier, 2013.

[4] LEE C, LANDGREBE D A. Feature extraction based on decision boundaries [J]. IEEE Transactions on Pattern Analysis and machine Intelligence, 1993, 15 (4): 388–400.

[5] KUO B C, LANDGREBE D A. Nonparametric weighted feature extraction for classification [J]. IEEE Transactions on Geoscience and Remote Sensing, 2004, 42 (5): 1096–1105.

[6] DU Q, CHANG C I. A linear constrained distance–based discriminant analysis for hyperspectral image classification [J]. Pattern Recognition, 2001, 34 (2): 361–373.

[7] DU Q. Modified Fisher's linear discriminant analysis for hyperspectral imagery [J]. IEEE Geoscience and Remote Sensing Letters, 2007, 4 (4): 503–507.

[8] ZHANG L, ZHANG L, TAO D, et al. Tensor discriminative locality alignment for hyperspectral image spectral–spatial feature extraction [J]. IEEE Transactions on Geoscience and Remote Sensing, 2012, 51 (1): 242–256.

[9] LI W, PRASAD S, FOWLER J E, et al. Locality–preserving dimensionality reduction and classification for hyperspectral image analysis [J]. IEEE Transactions on Geoscience and Remote Sensing, 2011, 50 (4): 1185–1198.

[10] ZHOU Y, PENG J, CHEN C P. Dimension reduction using spatial and spectral

regularized local discriminant embedding for hyperspectral image classification [J]. IEEE Transactions on Geoscience and Remote Sensing, 2014, 53 (2): 1082–1095.

[11] XUE Z, DU P, LI J, et al. Simultaneous sparse graph embedding for hyperspectral image classification [J]. IEEE Transactions on Geoscience and Remote Sensing, 2015, 53 (11): 6114–6133.

[12] WOLD S, ESBENSEN K, GELADI P. Principal component analysis [J]. Chemometrics and Intelligent Laboratory Systems, 1987, 2 (1–3): 37–52.

[13] GREEN A A, BERMAN M, SWITZER P, et al. A transformation for ordering multispectral data in terms of image quality with implications for noise removal [J]. IEEE Transactions on Geoscience and Remote Sensing, 1988, 26 (1): 65–74.

[14] HYVÄRINEN A, OJA E. Independent component analysis: algorithms and applications [J]. Neural Networks, 2000, 13 (4–5): 411–430.

[15] VILLA A, BENEDIKTSSON J A, CHANUSSOT J, et al. Hyperspectral image classification with independent component discriminant analysis [J]. IEEE transactions on Geoscience and Remote Sensing, 2011, 49 (12): 4865–4876.

[16] LEE D D, SEUNG H S. Algorithms for non–negative matrix factorization [J]. Advances in Neural Information Processing Systems, 2001, 13: 556–562.

[17] 朱德辉，杜博，张良培. 基于波段选择的协同表达高光谱异常探测算法 [J]. 遥感学报，2020(4): 427–438.

[18] CHANG C I, DU Q, SUN T L, et al. A joint band prioritization and band–decorrelation approach to band selection for hyperspectral image classification [J]. IEEE Transactions on Geoscience and Remote Sensing, 1999, 37 (6): 2631–2641.

[19] CHANG C I, WANG S. Constrained band selection for hyperspectral imagery [J]. IEEE Transactions on Geoscience and Remote Sensing, 2006, 44 (6): 1575–1585.

[20] ZHANG W, LI X, DOU Y, et al. A geometry–based band selection approach for hyperspectral image analysis [J]. IEEE Transactions on Geoscience and Remote Sensing, 2018, 56 (8): 4318–4333.

[21] JIA S, TANG G, ZHU J, et al. A novel ranking–based clustering approach for hyperspectral band selection [J]. IEEE Transactions on Geoscience and Remote Sensing, 2015, 54 (1): 88–102.

[22] ZHAI H, ZHANG H, ZHANG L, et al. Squaring weighted low–rank subspace

clustering for hyperspectral image band selection [C]. In IEEE: Proceedings of the IEEE International Geoscience and Remote Sensing Symposium. Piscataway,NJ: IEEE, 2016: 2434–2437.

[23] GENG X, SUN K, JI L, et al. A fast volume–gradient–based band selection method for hyperspectral image [J]. IEEE Transactions on Geoscience and Remote Sensing, 2014, 52 (11): 7111–7119.

[24] SU H, DU Q, CHEN G, et al. Optimized hyperspectral band selection using particle swarm optimization [J]. IEEE Journal of Selected Topics in Applied Earth Observations and Remote Sensing, 2014, 7 (6): 2659–2670.

[25] YUAN Y, ZHU G, WANG Q. Hyperspectral band selection by multitask sparsity pursuit [J]. IEEE Transactions on Geoscience and Remote Sensing, 2014, 53 (2): 631–644.

[26] GONG M, ZHANG M, YUAN Y. Unsupervised band selection based on evolutionary multiobjective optimization for hyperspectral images [J]. IEEE Transactions on Geoscience and Remote Sensing,2015, 54 (1): 544–557.

[27] 张良培，杜博，张乐飞. 高光谱遥感影像处理 [M]. 北京：科学出版社，2014.

[28] HAPKE B. Bidirectional reflectance spectroscopy: 1. Theory [J]. Journal of Geophysical Research: Solid Earth, 1981, 86 (B4): 3039–3054.

[29] HAPKE B, WELLS E. Bidirectional reflectance spectroscopy: 2. Experiments and observations [J]. Journal of Geophysical Research: Solid Earth, 1981, 86 (B4): 3055–3060.

[30] NASCIMENTO J M, BIOUCAS–DIAS J M. Nonlinear mixture model for hyperspectral unmixing [C].In SPIE: Proceedings of Image and Signal Processing for Remote Sensing XV. Berlin, Germany:SPIE, 2009: 74770I.

[31] FAN W, HU B, MILLER J, et al. Comparative study between a new nonlinear model and common linear model for analysing laboratory simulated–forest hyperspectral data [J]. International Journal of Remote Sensing, 2009, 30 (11): 2951–2962.

[32] ALTMANN Y, DOBIGEON N, TOURNERET J Y. Bilinear models for nonlinear unmixing of hyperspectral images [C]. In IEEE: Workshop on Hyperspectral Image and Signal Processing: Evolution in Remote Sensing. Piscataway, NJ: IEEE, 2011: 1–4.

[33] HALIMI A, ALTMANN Y, DOBIGEON N, et al. Unmixing hyperspectral images using the generalized bilinear model [C]. In Proceedings of the IEEE International Geoscience and Remote Sensing Symposium, 2011: 1886–1889.

[34] 罗文斐. 高光谱图像光谱解混及其对不同空间分辨率图像的适应性研究 [D]. 北京: 中国科学院遥感应用研究所, 2008.

[35] DOBIGEON N, MOUSSAOUI S, COULON M, et al. Joint Bayesian endmember extraction and linear unmixing for hyperspectral imagery [J]. IEEE Transactions on Signal Processing, 2009, 57 (11): 4355– 4368.

[36] LIU L F, WANG B, ZHANG L M. Decomposition of mixed pixels based on bayesian self–organizing map and gaussian mixture model [J]. Pattern Recognition Letters, 2009, 30 (9): 820–826.

[37] WANG J, CHANG C I. Applications of independent component analysis in endmember extraction and abundance quantification for hyperspectral imagery [J]. IEEE Transactions on Geoscience and Remote Sensing, 2006, 44 (9): 2601–2616.

[38] NASCIMENTO J M, BIOUCAS–DIAS J M. Dependent component analysis: A hyperspectral unmixing algorithm [C]. In Springer: Proceedings of Iberian Conference on Pattern Recognition and Image Analysis. Girona, Spain: Springer, 2007: 612‒619.

[39] NASCIMENTO J M, DIAS J M. Vertex component analysis: A fast algorithm to unmix hyperspectral data [J]. IEEE Transactions on Geoscience and Remote Sensing, 2005, 43 (4): 898–910.

[40] WINTER M E. N–FINDR: An algorithm for fast autonomous spectral end–member determination in hyperspectral data [C]. In SPIE: Proceedings of Imaging Spectrometry V. Denver, CO, USA: SPIE, 1999: 266‒275.

[41] CHANG C I, WU C C, LIU W, et al. A new growing method for simplex–based endmember extraction algorithm [J]. IEEE Transactions on Geoscience and Remote Sensing, 2006, 44 (10): 2804–2819.

[42] BOARDMAN J W. Automating spectral unmixing of AVIRIS data using convex geometry concepts [C]. In JPL: Proceedings of Summaries Annu JpL Airborne Geoscience Workshop. Colorado Univ: JPL, 1993: 26..

[43] 张兵, 孙旭, 高连如, 等. 一种基于离散粒子群优化算法的高光谱图像端元

提取方法 [J]. 光谱学与光谱分析，2011，031 (9)：2455-2461.

[44] 许宁，尤红建，耿修瑞，等 . 基于光谱相似度量的高光谱图像多任务联合稀疏光谱解混方法 [J]. 电子与信息学报，2016，38(11)：2701-2708.

[45] MIAO L, QI H. Endmember extraction from highly mixed data using minimum volume constrained nonnegative matrix factorization [J]. IEEE Transactions on Geoscience and Remote Sensing, 2007, 45 (3): 765-777.

[46] LIU J, ZHANG J, GAO Y, et al. Enhancing spectral unmixing by local neighborhood weights [J]. IEEE Journal of Selected Topics in Applied Earth Observations and Remote Sensing, 2012, 5 (5): 1545- 1552.

[47] QIAN Y, JIA S, ZHOU J, et al. Hyperspectral unmixing via L1/2 sparsity-constrained nonnegative matrix factorization [J]. IEEE Transactions on Geoscience and Remote Sensing, 2011, 49 (11): 4282-4297.

[48] WANG N, DU B, ZHANG L. An endmember dissimilarity constrained non-negative matrix factorization method for hyperspectral unmixing [J]. IEEE Journal of Selected Topics in Applied Earth Observa tions and Remote Sensing, 2013, 6 (2): 554-569.

[49] ZHU F, WANG Y, FAN B, et al. Spectral unmixing via data-guided sparsity [J]. IEEE Transactions on Image Processing, 2014, 23 (12): 5412-5427.

[50] HINTON G E, SALAKHUTDINOV R R. Reducing the dimensionality of data with neural networks [J]. Science, 2006, 313 (5786): 504-507.

[51] OZKAN S, KAYA B, AKAR G B. Endnet: Sparse autoencoder network for endmember extraction and hyperspectral unmixing [J]. IEEE Transactions on Geoscience and Remote Sensing, 2019, 57 (1): 482-496.

[52] PALSSON B, SIGURDSSON J, SVEINSSON J R, et al. Hyperspectral unmixing using a neural network autoencoder [J]. IEEE Access, 2018, 6: 25646-25656.

[53] SU Y, LI J, PLAZA A, et al. DAEN: Deep autoencoder networks for hyperspectral unmixing [J].IEEE Transactions on Geoscience and Remote Sensing, 2019, 57 (7): 4309-4321.

[54] MATTEOLI S, DIANI M, CORSINI G. A tutorial overview of anomaly detection in hyperspectral images [J]. IEEE Aerospace and Electronic Systems magazine, 2010, 25 (7): 5-28.

[55] STEIN D W, BEAVEN S G, HOFF L E, et al. Anomaly detection from hyperspectral imagery [J]. IEEE Signal Processing magazine, 2002, 19 (1): 58–69.

[56] REED I S, YU X. Adaptive multiple–band CFAR detection of an optical pattern with unknown spectral distribution [J]. IEEE Transactions on Acoustics, Speech, and Signal Processing, 1990, 38 (10): 1760–1770.

[57] SCHAUM A. Joint subspace detection of hyperspectral targets [C]. In IEEE: Proceedings of the IEEE Aerospace Conference. Piscataway,NJ: IEEE, 2004.

[58] KWON H, NASRABADI N M. Kernel RX–algorithm: A nonlinear anomaly detector for hyperspectral imagery [J]. IEEE Transactions on Geoscience and Remote Sensing, 2005, 43 (2): 388–397.

[59] HASTIE T, TIBSHIRANI R, FRIEDMAN J. The elements of statistical learning [M]. New York:Springer, 2001.

[60] BANERJEE A, BURLINA P, DIEHL C. A support vector method for anomaly detection in hyperspectral imagery [J]. IEEE Transactions on Geoscience and Remote Sensing, 2006, 44 (8): 2282–2291.

[61] GOLDBERG H, NASRABABI N M. A comparative study of linear and nonlinear anomaly detectors for hyperspectral imagery [C]. In SPIE: Proceedings of Algorithms and Technologies for multispectral, Hyperspectral, and Ultraspectral Imagery XIII. Denver, CO, USA: SPIE, 2007.

[62] ROBEY G C, FUHRMANN D R, KELLY E J, et al R. A CFAR adaptive matched filter detector [J]. IEEE Transactions on Aerospace and Electronic Systems, 1992, 28 (1): 208–216.

[63] SCHARF L L, FRIEDLANDER B. Matched subspace detectors [J]. IEEE Transactions on Signal Processing, 1994, 42 (8): 2146–2157.

[64] KRAUT S, SCHARF L L, MCWHORTER L T. Adaptive subspace detectors [J]. IEEE Transactions on Signal Processing, 2001, 49 (1): 1–16.

[65] HARSANYI J C, CHANG C I. Hyperspectral image classification and dimensionality reduction: An or thogonal subspace projection approach [J]. IEEE Transactions on Geoscience and Remote Sensing, 1994, 32 (4): 779–785.

[66] KWON H, NASRABADI N M. A comparative analysis of kernel subspace target detectors for hyperspectral imagery [J]. EURASIP Journal on Advances in Signal

Processing, 2007: 1–13.

[67] ZOU Z, SHI Z. Hierarchical suppression method for hyperspectral target detection [J]. IEEE Transac tions on Geoscience and Remote Sensing, 2016, 54 (1): 330–342.

[68] 贺霖，潘泉，赵永强，等．基于子空间投影的未知背景航拍高光谱图像恒虚警目标检测 [J]. 航空学报，2006, 27(4)：657–662.

[69] 陈勇，杜博，张乐飞，等．一种融合光谱匹配和张量分析的高分辨率遥感影像目标探测器 [J]. 武汉大学学报 (信息科学版)，2013，38 (3)：274–277.

[70] 石婷婷，张立福，岑奕，等．高光谱目标探测中的空间和光谱尺度效应 [J]. 遥感学报，2015，19 (6)：954–963.

[71] CHEN Y, NASRABADI N M, TRAN T D. Sparse representation for target detection in hyperspectral imagery [J]. IEEE Journal of Selected Topics in Signal Processing, 2011, 5 (3): 629–640.

[72] BOYD S, VANDENBERGHE L. Convex optimization [M]. New York: Cambridge University Press, 2004.

[73] BITAR A W, CHEONG L F, OVARLEZ J P. Sparse and low–rank matrix decomposition for automatic tar get detection in hyperspectral imagery [J]. IEEE Transactions on Geoscience and Remote Sensing, 2019, 57 (8): 5239–5251.

[74] LÉGER D, VIALLEFONT F, HILLAIRET H, et al. In–flight refocusing and MTF assessment of SPOT5 HRG and HRS cameras[J]. Proceedings of SPIE, 2003, 4881:224–231.

[75] CHAUDHURI S, VELMURUGAN R, RAMESHAN R. Blind image deconvolution: methods and convergence[M]. India: Springer Publishing Company, Incorporated, 2014.

[76] LANE R G, BATES R H T. Automatic multidimensional deconvolution[J]. Journal of the Optical Society of America. A , 1987, 4(1):180–188.

[77] SHEN H, DU L, ZHANG L, et al. A blind restoration method for remote sensing images[J]. IEEE Geoscience & Remote Sensing Letters, 2012, 9(6):1137–1141.

[78] 王延平 . 信号复原与重建 [M]. 南京：东南大学出版社 , 1992.

[79] KENIG T, KAM Z, FEUER A. Blind image deconvolution using machine learning for three–dimensional microscopy.[J]. IEEE Transactions on Pattern Analysis &

machine Intelligence, 2010, 32(12):2191–2204.

[80] PERRONE D, FAVARO P. A clearer picture of total variation blind deconvolution[J]. IEEE Transactions on Pattern Analysis & machine Intelligence, 2016, 38(6):1041–1055.

[81] SHEN H, ZHAO W, YUAN Q, et al. Blind restoration of remote sensing images by a combination of automatic knife–edge detection and alternating minimization[J]. Remote Sensing, 2014, 6(8):7491–7521.

[82] AZADBAKHT M, FRASER C, KHOSHELHAM K. A sparsity–based regularization approach for deconvolution of full–waveform airborne lidar data[J]. Remote Sensing, 2016, 8(8): 648.

[83] HARDIE R C, BARNARD K J, ARMSTRONG E E. Joint MAP registration and high–resolution image estimation using a sequence of undersampled images[J]. IEEE Transactions on Image Processing, 1997, 6(12):1621–1633.

[84] DIENING L, HARJULEHTO P, HÄSTÖ P, et al. Lebesgue and sobolev spaces with variable exponents[M]// Lebesgue and Sobolev Spaces with Variable Exponents. Heidelberg: Springer, 2011.

[85] FAN H, CHEN Y, GUO Y, et al. Hyperspectral image restoration using Low–rank tensor recovery[J]. IEEE Journal of Selected Topics in Applied Earth Observations & Remote Sensing, 2017, 10(10): 4589–4604.

[86] RUDIN L I, OSHER S, FATEMI E. Nonlinear total variation based noise removal algorithms[J]Physica D: Nonlinear Phenomena, 1992, 60(1–4): 259–268.

[87] CHAN T F, WONG C K. Total variation blind deconvolution [J]. IEEE Transactions on Image Processing, 1998, 7(3): 370–375.

[88] ESEDO G̅ LUS, OSHER S J. Decomposition of images by the anisotropic Rudin–Osher–Fatemi model[J]. Communications on Pure & Applied mathematics, 2004, 57(12):1609–1626.

[89] DOU Z, GAO K, ZHANG B, et al. Realistic image rendition using a variable exponent functional model for retinex[J]. Sensors, 2016, 16(6):832.

[90] LI F, LI Z, PI L. Variable exponent functionals in image restoration[J]. Applied mathematics & Computation, 2010, 216(3):870–882.

[91] GOLDSTEIN T, OSHER S. The split bregman method for L1–regularized

problems[J]. SIAM Journal on Imaging Sciences, 2009, 2(2): 1−21.

[92] GOLDSTEIN T, OSHER S. The Split Bregman method for L1−Regularized Problems[J]. SIAM Journal on Imaging ences, 2009, 2(2): 1−21.

[93] KRISHNAN D, FERGUS R. Fast image deconvolution using hyper−Laplacian priors[C]// International Conference on Neural Information Processing Systems. Vancouver Curran Associates Inc, 2009:1033−1041.

[94] 徐伟伟, 张黎明, 杨本永, 等. 基于周期靶标的高分辨光学卫星相机在轨 MTF 检测方法 [J]. 光学学报, 2011, 31(7):92−97.

[95] 许妙忠, 丛铭, 李会杰. 卫星传感器在轨 MTF 检测研究 [C]// 中国遥感大会第十八届中国遥感大会论文集. 武汉: 中国光感协会; 中国地理学会; 中国测绘学会, 2012: 376−384.

[96] KRISHNAN D, TAY T, FERGUS R. Blind deconvolution using a normalized sparsity measure [C]// In Proceedings of the IEEE Conference on Computer Vision and Pattern Recognition. New York: IEEE, 2011: 233−240.

[97] SHAN Q, JIA J, AGARWALA A. High−quality motion deblurring from a single image [J]. ACM Transactions on Graphics, 2008, 27 (3): 1−10.

[98] XU L, ZHENG S, JIA J. Unnatural L0 sparse representation for natural image deblurring [C]// In Proceedings of the IEEE Conference on Computer Vision and Pattern Recognition. New York: IEEE, 2013: 1107−1114.

[99] PAN J, SUN D, PFISTER H, et al. Blind image deblurring using dark channel prior [C]. In Proceedings of the IEEE Conference on Computer Vision and Pattern Recognition. New York: IEEE, 2016: 1628−1636.

[100] PAN J, HU Z, SU Z, et al. Deblurring text images via L0−regularized intensity and gradient prior [C]// In Proceedings of the IEEE Conference on Computer Vision and Pattern Recognition. New York: IEEE, 2014: 2901− 2908.

[101] WANG C, SUN L F, CHEN Z Y, et al. multi−scale blind motion deblurring using local minimum [J]. Inverse Problems, 2009, 26 (1): 015003.

[102] XU L, JIA J. Two−phase kernel estimation for robust motion deblurring [C]// In Proceedings of European Conference on Computer Vision. Newcastle upon Tyne: ECCV, 2010: 157−170.

[103] FERGUS R, SINGH B, HERTZMANN A, et al. Removing camera shake from a

single photograph [J]. ACM Transactions on Graphics, 2006, 25 (3): 787–794.

[104] SHAN Q, JIA J, AGARWALA A. High–quality motion deblurring from a single image [J]. ACM Transactions on Graphics, 2008, 27 (3): 1–10.

[105] CHO S, LEE S. Fast motion deblurring [J]. ACM Transactions on graphics, 2009, 28(5): 145.

[106] XU L, ZHENG S, JIA J. Unnatural l0 sparse representation for natural image deblurring [C]// In Proceedings of the IEEE Conference on Computer Vision and Pattern Recognition. New York: IEEE, 2013: 1107–1114.

[107] KRISHNAN D, TAY T, FERGUS R. Blind deconvolution using a normalized sparsity measure [C]// In Proceedings of the IEEE Conference on Computer Vision and Pattern Recognition. New York: IEEE, 2011: 233–240.

[108] SCHULER C, HIRSCH M, HARMELING S, et al. Learning to deblur [J]. IEEE Transactions on Pattern Analysis & machine Intelligence, 2016 (1): 1439–1451.

[109] WHYTE O, SIVIC J, ZISSERMAN A, et al. Non–uniform deblurring for shaken images [J]. International Journal of Computer Vision, 2012, 98 (2): 168–186.

[110] YAN Y, REN W, GUO Y, et al. Image deblurring via extreme channels prior [C]// In Proceedings of the IEEE Conference on Computer Vision and Pattern Recognition. New York: IEEE, 2017: 6.

[111] LI L, PAN J, LAI W S, et al. Learning a Discriminative Prior for Blind Image Deblurring [C]// In Proceedings of the IEEE Conference on Computer Vision and Pattern Recognition. New York: IEEE, 2018: 6616– 6625.

[112] LEVIN A, WEISS Y, DURAND F, et al. Understanding and evaluating blind deconvolution algorithms [C]//IEEE Conference On Computer Vsion and Pattern Recognition. New York: IEEE, 2009.

[113] KÖHLER R, HIRSCH M, MOHLER B, et al. Recording and playback of camera shake: Benchmarking blind deconvolution with a real–world database [C]// In Proceedings of European Conference on Computer Vision. Newcastle aupon Tyre: ECCV, 2012: 27–40.

[114] HU Z, CHO S, WANG J, et al. Deblurring low–light images with light streaks [C]// In Proceedings of the IEEE Conference on Computer Vision and Pattern Recognition. New York: IEEE, 2014: 3382–3389.

[115] REN S, HE K, GIRSHICK R, et al. Faster R-CNN: Towards real-time object detection with region proposal networks [J]. IEEE Transaction on Pattern Analysis and machine Intelligence, 2015, 39(6): 91-99.

[116] LIU W, ANGUELOV D, ERHAN D, et al. Ssd: Single shot multibox detector [C]// In Proceedings of European Conference on Computer Vision. Newcastle upon Tyne: ECCV, 2016: 21-37.

[117] REDMON J, DIVVALA S, GIRSHICK R, et al. You only look once: Unified, real-time object detection [C]// In Proceedings of the IEEE Conference on Computer Vision and Pattern Recognition. New York: IEEE, 2016: 779-788.

[118] LIN T Y, GOYAL P, GIRSHICK R, et al. Focal loss for dense object detection [C]. In Proceedings of the IEEE International Conference on Computer Vision. New York: IEEE, 2017: 2980-2988.

[119] WANG J, CHEN K, YANG S, et al. Region proposal by guided anchoring [C]//In Proceedings of the IEEE Conference on Computer Vision and Pattern Recognition. New York: IEEE, 2019: 2965-2974.

[120] ARPIT D, JASTRZĘBSKI S, BALLAS N, et al. A closer look at memorization in deep networks [C]//In Proceedings of International Conference on machine Learning. PMLR 70, 2017: 233-242.

[121] LIN T Y, MAIRE M, BELONGIE S, et al. Microsoft coco: Common objects in context [C]// In Proceedings of European Conference on Computer Vision. Newcastle upon Tyne: ECCV, 2014: 740-755.

[122] EVERINGHAM M, VAN GOOL L, WILLIAMS C K, et al. The PASCAL visual object classes challenge 2007 (VOC2007) results [J], 2007.

[123] YANG S, LUO P, LOY C C, et al. Wider face: A face detection benchmark [C]// In Proceedings of the IEEE Conference on Computer Vision and Pattern Recognition. New York: IEEE, 2016: 5525-5533.

[124] ZHANG S, LIN M, CHEN T, et al. Character proposal network for robust text extraction [C]// In Proceedings of the IEEE International Conference on Acoustics, Speech and Signal Processing. New York: IEEE, 2016: 2633-2637.

[125] ZHANG S, WEN L, BIAN X, et al. Single-shot refinement neural network for object detection [C]. In Proceedings of the IEEE Conference on Computer Vision

and Pattern Recognition. New York: IEEE, 2018: 4203−4212.

[126] TIAN Z, SHEN C, CHEN H, et al. Fcos: Fully convolutional one−stage object detection [C]// In Proceedings of the IEEE International Conference on Computer Vision. New York: IEEE, 2019: 9627−9636.

[127] YANG S, LUO P, LOY C C, et al. From facial parts responses to face detection: A deep learning approach [C]// In Proceedings of the IEEE International Conference on Computer Vision. New York: IEEE, 2015: 3676−3684.

[128] HU P, RAMANAN D. Finding tiny faces [C]//IEEE Computer Society. In Proceedings of the IEEE Conference on Computer Vision and Pattern Recognition. New York: IEEE, 2017: 951−959.

[129] NAJIBI M, SAMANGOUEI P, CHELLAPPA R, et al. Ssh: Single stage headless face detector [C]//IEEE Computer Society. In Proceedings of the IEEE International Conference on Computer Vision. New York: IEEE, 2017: 4875−4884.

[130] ZHANG S, ZHU X, LEI Z, et al. S3fd: Single shot scale−invariant face detector [C]//IEEE Computer Society. In Proceedings of the IEEE International Conference on Computer Vision. New York: IEEE, 2017: 192−201.

[131] ZHU C, TAO R, LUU K, et al. Seeing Small Faces from Robust Anchor's Perspective [C]//IEEE Computer Vision Foundation−CVF. In Proceedings of the IEEE Conference on Computer Vision and Pattern Recognition. New York: IEEE, 2018: 5127−5136.

[132] XIA G S, BAI X, DING J, et al. DOTA: A large−scale dataset for object detection in aerial images [C]// In Proceedings of the IEEE Conference on Computer Vision and Pattern Recognition. New York: IEEE, 2018: 3974−3983.

[133] MA J, SHAO W, YE H, et al. Arbitrary−oriented scene text detection via rotation proposals [J]. IEEE Transactions on multimedia, 2018, 20 (11): 3111−3122.

[134] JIANG Y, ZHU X, WANG X, et al. R2cnn: rotational region cnn for orientation robust scene text detection [J]. arXiv preprint arXiv:1706.09579, 2017.

[135] YANG X, SUN H, FU K, et al. Automatic ship detection in remote sensing images from google earth of complex scenes based on multiscale rotation dense feature pyramid networks [J]. Remote Sensing, 2018, 10 (1): 132.

[136] YANG X, SUN H, SUN X, et al. Position detection and direction prediction for arbitrary−oriented ships via multitask rotation region convolutional neural network [J]. IEEE Access, 2018, 6: 50839−50849.

[137] AZIMI S M, VIG E, BAHMANYAR R, et al. Towards multi−class object detection in unconstrained remote sensing imagery [C]//Asian Computer Vision Alliance. In Proceedings of Asian Conference on Computer Vision, 2018: 150−165.

[138] DING J, XUE N, LONG Y, et al. Learning roi transformer for oriented object detection in aerial images [C]//Computer Vision Foundation−CVF IEEE Computer Society. In Proceedings of the IEEE Conference on Computer Vision and Pattern Recognition. New York: IEEE, 2019: 2849−2858.

[139] YANG X, YANG J, YAN J, et al. Scrdet: Towards more robust detection for small, cluttered and rotated objects [C]// In Proceedings of the IEEE International Conference on Computer Vision. New York: IEEE, 2019: 8232− 8241.

[140] BAHDANAU D, CHO K, BENGIO Y. Neural machine translation by jointly learning to align and translate [J]. arXiv preprint arXiv:1409.0473, 2014.

[141] XU K, BA J, KIROS R, et al. Show, attend and tell: Neural image caption generation with visual attention [C]// In Proceedings of International Conference on machine Learning. New York: IEEE, 2015: 2048−2057.

[142] QIN Y, SONG D, CHEN H, et al. A dual−stage attention−based recurrent neural network for time series prediction [J]. arXiv preprint arXiv:1704.02971, 2017.

[143] HEYLEN R, SCHEUNDERS P, RANGARAJAN A, et al. Nonlinear unmixing by using different metrics in a linear unmixing chain [J]. IEEE Journal of Selected Topics in Applied Earth Observations and Remote Sensing, 2014, 8 (6): 2655− 2664.

[144] ZARE A, GADER P, BCHIR O, et al. Piecewise convex multiple−model endmember detection and spectral unmixing [J]. IEEE Transactions on Geoscience and Remote Sensing, 2012, 51 (5):2853−2862.

[145] WEI Q, CHEN M, TOURNERET J Y, et al. Unsupervised nonlinear spectral unmixing based on a multilinear mixing model [J]. IEEE Transactions on Geoscience and Remote Sensing, 2017, 55 (8): 4534−4544.

[146] BROMLEY J, GUYON I, LECUN Y, et al. Signature verification using

a "siamese" time delay neural network [C]// In Proceedings of Advances in Neural Information Processing Systems. New York: IEEE, 1994: 737–744.

[147] GOODFELLOW I, BENGIO Y, COURVILLE A. Deep learning [M]. Cambridge: MIT press, 2016.

[148] ZHAO R, SHI Z, ZOU Z, et al. Ensemble-based cascaded constrained energy minimization for hyperspectral target detection [J]. Remote Sensing, 2019, 11 (11): 1310.

[149] KOEN C M , BERNARD d B, LIEVEN P C V, et al. A subpixel mapping algorithm based on subpixel/pixel spatial attraction models[J]. International Journal of Remote Sensing, 2006, 27(15):3293–3310.

[150] XU Y, HUANG B. A Spatio-Temporal Pixel-Swapping Algorithm for Subpixel Land Cover mapping[J]. IEEE Geoscience & Remote Sensing Letters, 2013, 11(2):474–478.

[151] HOFMEYR S A, FORREST S A. Architecture for an Artificial Immune System[J]. Evolutionary Computation, 2000, 8(8):443–473.

[152] ZHONG Y, ZHANG L. Remote sensing image subpixel mapping based on adaptive differential evolution.[J]. IEEE Transactions on Systems man & Cybernetics Part B Cybernetics A Publication of the IEEE Systems man & Cybernetics Society, 2012, 42(5):1306–29.

[153] PAJARES G. A Hopfield neural network for image change detection[J]. IEEE Transactions on Neural Networks, 2006, 17(5):1250.

[154] YANG X, ZHANG C, LIU Y, et al. A Geometric method for Subpixel Boundary[C]// IEEE International Conference on Computer-Aided Design and Computer Graphics. New York: IEEE, 2007:208–212.

[155] HUANG Y M, NG M K, WEN Y W. A New Total Variation method for multiplicative Noise Removal[J]. Siam Journal on Imagingences, 2009, 2(1):20–40.

[156] ZHONG Y, WU Y, XU X, et al. An Adaptive Subpixel mapping method Based on MAP model and Class Determination Strategy for Hyperspectral Remote Sensing Imagery[J]. IEEE Transactions on Geoscience & Remote Sensing, 2015, 53(3):1411–1426.

[157] BECK A, TEBOULLE M. A fast Iterative Shrinkage-Thresholding Algorithm with

application to wavelet-based image deblurring[C]. IEEE International Conference on Acoustics, Speech and Signal Processing. New York: IEEE, 2009:693-696.

[158] KEUPER M , SCHMIDT T , TEMERINAC-Ott M , et al. Blind Deconvolution of Widefield Fluorescence microscopic Data by Regularization of the Optical Transfer Function (OTF)[C]// Computer Vision & Pattern Recognition. New York: IEEE, 2013: 2179-2186.

[159] 王正艳. 遥感影像亚像元定位方法的研究 [D]. 哈尔滨 : 哈尔滨工程大学, 2014.

[160] ZHONG Y, WU Y, XU X, et al. An adaptive subpixel mapping method based on MAP model and class determination strategy for hyperspectral remote sensing imagery[J]. IEEE Transactions on Geoscience and Remote Sensing, 2015, 53(3): 1411-1426.

[161] FISHER P. The pixel: a snare and a delusion [J]. International Journal of Remote Sensing, 1997, 18(3): 679-685.

[162] KVALSETH T O. A coefficient of agreement for nominal scales: an asymmetric version of Kappa[J]. Educational and measurement, 1991, 51(1): 95-101.

[163] MANOLAKIS D, ShAW G. Detection algorithms for hyperspectral imaging application[J]. IEEE Signal Processing magazine, 2002, 19(1): 29-43.

[164] BLOMGREN P, CHAN T F, MULET P, et al. Total variation image restoration: numerical methods and extensions[C]// International Conference on Image Processing, 1997. Proceedings. IEEE, 1997:384-387 vol.3.

[165] CHEN X, XIANG S, LIU C-L, et al. Vehicle detection in satellite images by hybrid deep convolutional neural networks [J]. IEEE Geoscience and Remote Sensing Letters, 2014, 11 (10): 1797 - 1801.

[166] ZHANG Q, XU J, XU L, et al. Deep convolutional neural networks for forest fire detection [C]. In International Forum on Management, Education and Information Technology Application, 2016.

[167] DING J, XUE N, LONG Y, et al. Learning roi transformer for oriented object detection in aerial images [C]. In Proceedings of the IEEE Conference on Computer Vision and Pattern Recognition, 2019: 2849 - 2858.

[168] LEVIN A, WEISS Y, DURAND F, et al. Efficient marginal likelihood

optimization in blind deconvolution [C]. In Proceedings of the IEEE Conference on Computer Vision and Pattern Recognition, 2011: 2657 - 2664.

[169] HRADIŠ M, KOTERA J, ZEMCÍK P, et al. Convolutional neural networks for direct text deblurring [C]. In Proceedings of British Machine Vision Conference, 2015: 2.

[170] CHAKRABARTI A. A neural approach to blind motion deblurring [C]. In Proceedings of European Conference on Computer Vision, 2016: 221 - 235.

[171] JOSHI N, SZELISKI R, KRIEGMAN D J. PSF estimation using sharp edge prediction [C]. In Proceedings of the IEEE Conference on Computer Vision and Pattern Recognition, 2008: 1 - 8.

[172] LI Y, CLARKE K C. Image deblurring for satellite imagery using small—support—regularized deconvolution [J]. ISPRS Journal of Photogrammetry and Remote Sensing, 2013, 85: 148 - 155.

[173] ROQUES S, JAHAN L, ROUGÉ B, et al. Satellite attitude instability effects on stereo images [C]. In Proceedings of the IEEE International Conference on Acoustics, Speech, and Signal Processing, 2004: 473 - 477.

[174] JANSCHEK K, TCHERNYKH V, DYBLENKO S. Integrated camera motion compensation by real—time image motion tracking and image deconvolution [C]. In Proceedings of the IEEE/ASME International Conference on Advanced Intelligent Mechatronics., 2005: 1437 - 1444.

[175] AGRAWAL A, XU Y, RASKAR R. Invertible motion blur in video [J]. ACM Transactions on Graphics, 2009, 28 (3): 1 - 8.

[176] OKUDA T, IWASAKI A. Estimation of satellite pitch attitude from aster image data [C]. In Proceedings of the IEEE International Geoscience and Remote Sensing Symposium, 2010: 1070 - 1073.

[177] CHEN Y, WU J, XU Z, et al. Image deblurring by motion estimation for remote sensing [C]. In Proceedings of satellite Data Compression, Communications, and Processing VI, 2010: 78100 - 78109.

[178] ABDOLLAHI A, DASTRANJ M R, RIAHI A R. Satellite attitude tracking for Earth pushbroom imaginary with forward motion compensation [J]. International Journal of Control and Automation, 2014, 7 (1): 437 - 446.